U0134995

HBR's 10 Must Reads On Managing People

哈佛教你帶人學

作者群：《EQ》作者 丹尼爾·高曼 Daniel Goleman
《藍海策略》作者 金偉燦 W. Chan Kim、莫伯尼 Renée Mauborgne
變革管理大師 約翰·科特 John P. Kotter 等

吳佩玲·胡瑋珊·譚天·譚家瑜·洪慧芳·許瑞宋·林麗冠·羅耀宗 譯

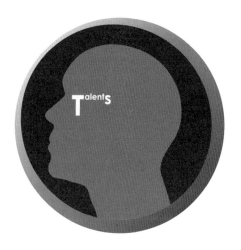

目錄

006　序
領導出更優秀的你
李吉仁

010　序
建立組織的生態工程
李瑞華

016　序
加速學習，提升主管能力
劉鏡清

020　序
善用影響力
陳惠雯

Contents

第一章
030　高績效領導力
Leadership That Gets Results

丹尼爾·高曼 Daniel Goleman

第二章
074　給重金，不如給重任
One More Time: How Do You Motivate Employees?

菲德烈·赫茲伯格 Frederick Herzberg

第三章
106　導致員工失敗症候群
The Set-Up-to-Fail Syndrome

尚-弗杭索瓦·曼佐尼 Jean-François Manzoni
尚-路易·巴梭 Jean-Louis Barsoux

第四章

146　搶救菜鳥經理人

Saving Your Rookie Managers from Themselves

卡蘿 · 華克 Carol A. Walker

第五章

168　傑出經理人怎麼做

What Great Managers Do

馬可仕 · 白金漢 Marcus Buckingham

第六章

200　建立公平的流程：知識經濟下的管理

Fair Process: Managing in the Knowledge Economy

金偉燦 W. Chan Kim

芮妮 · 莫伯尼 Renée Mauborgne

第七章

234　教聰明人如何學習

Teaching Smart People How to Learn

克里斯 · 阿吉瑞斯 Chris Argyris

第八章

270 **你有多麼（不）道德？**
How（Un）ethical Are You?

馬札林 · 巴納吉 Mahzarin R. Banaji

馬克斯 · 巴澤曼 Max H. Bazerman

多里 · 丘夫 Dolly Chugh

第九章

298 **打造團隊力**
The Discipline of Teams

瓊 · 卡然巴哈 Jon R. Katzenbach

道格拉斯 · 史密斯 Douglas K. Smith

第十章

334 **「管理」你的上司**
Managing Your Boss

約翰 · 賈巴洛 John J. Gabarro

約翰 · 科特 John P. Kotter

台灣大學國際企業學系教授
兼台大創意與創業學程主任 李吉仁

領導出更優秀的你

　　領導，可說是管理裡頭最重要的一個環節，但也是最難有系統化解答的課題，即使是關於領導的學術研究，也呈現非常多元的角度與分歧的觀點。

　　早期的領導理論，側重以歸納的方法勾勒出成功領導人的共同特質，認為只要具有這些特質（例如：自信、高度熱情、誠信正直等），領導的成功率會較高；然而，實證上卻難以得到一致性的結果。其後，領導的行為理論開始盛行，認為領導者對團隊與對任務的關注傾向，將構成不同的領導類型，可能導致不同的領導績效。簡單的說，研究上主要是關切，人際關係導向的領導是否比任務導向的領導產生較高的績效。可惜的是，實證研究仍難產生一致性的結論。

　　1970 年代末期，研究者逐漸理解到，領導的成效與被領導人及任務情境攸關，領導的情境理論因而產生。簡單的說，有效的領導來自於能夠針對被領導者與任務特質，採取合適的領導行為；有些情境需要採取較權威的領導，有些則需採取高度的授權。情境領

導理論相當程度回答了一個關鍵問題，領導者需要（後天）學習不同的領導行為，以適應不同的領導挑戰，而非全然依賴（先天）的本能，可以成為常勝軍。

從明星球員，變成團隊教練

及至 90 年代，學理上對領導者的角色與任務，更加側重建立屬下對未來願景的認知，激勵屬下發揮潛能，以達成更高層次的績效。簡單的說，領導者的核心任務在「發展提升」屬下能力、而非「控制確保」績效達成。此一概念，實與彼得・杜拉克（Peter Drucker）對經理人獨特任務的期許相契合。杜拉克認為經理人不同於組織內的其他角色，主要在於三件事：其一，經理人必須要能創造出組織綜效，其二，經理人要能調和行動在短期與長程的需要，其三，經理人要能發展培養未來的經理人。換句話說，經理人要能夠從過去的明星得分球員，轉換成發展團隊的教練，才能成為成功的領導人。

這樣的角色期許，對許多經理人來說是困難的，因為，明星球員往往不會是傑出的教練，因為兩者所需的技能是不同的。除了技能不同外，經理人未必有足夠的誘因，努力發展屬下，畢竟組織愈往上發展，職位數目愈是相對有限，能力強的屬下愈多，豈不是構成未來的威脅。換句話說，如果沒有完整配套的制度，管理者積極發展屬下的行為，僅會是口頭上的共識，絕對不會是整體的行動。因此，績效管理制度上，需要確實將發展導向的管理行為植入，才能讓經理人發展屬下的努力與結果，得到正向的績效肯定，從而形成組織發展的良性循環。

若以領導的學理發展軌跡為背景來審視，本書所收錄的《哈佛商業評論》（*Harvard Business Review*）領導經典文章，不僅充分反映發展導向的領導思維，更補足了如何將理論思維轉化成領導實踐過程的（必然）缺口。

兼具理論與實務，提升領導效能

具體而言，本書從高曼（Daniel Goleman）的六種領導類型與其所需的 EQ 要素出發，強調領導人需透過自我發展，學習不同領導技能，以面對不同領導情境；

接著，以雙因子理論聞名的大師，赫茲伯格（Frederick Herzberg）的文章，強調透過對工作內容更豐富的設計對員工的激勵效果；其後，再以三篇論文針對發展部屬經常會碰到的難題，分別從失敗與成功兩方面，提出有用的建議；接著，再安排《藍海策略》兩位作者針對知識型組織領導人，提示組織內部需建立溝通的公平流程（fair process）的重要性；後續再由專長組織學習的阿吉瑞斯（Chris Argris）與其他作者，提示領導者須了解人的學習盲點以及決策偏見，從而能夠有效導引優秀的員工學習發展，以及改正己身的決策失誤；接著，在以卡然巴哈與史密斯（Jon Katzenbach and Douglas Smith）的經典文章，指導領導者如何建構真正的高績效團隊；本書最後以變革大師，科特（John Kotter），教導經理人如何有效地與自己的主管共同發展更高層的績效，為這部領導人的專修課本畫下句點。

領導，一向是《哈佛商業評論》的焦點議題領域，多數文章內容都是由實務界與學術界作者共同發展的成果，討論的議題不僅實務攸關性高，提出的建議也深具實用性。期望有志於成為優秀領導人的讀者，能因仔細品嚐這些經典文章，而能領導出更優秀的你。

序 政治大學商學院教授 李瑞華

建立組織的生態工程

　　主管帶人最大的挑戰，在於怎樣讓部屬心甘情願被你帶領，前提是要對他有附加價值。「帶人」不能因為公司賦予你管理的權力，就視為理所當然，管理的權力不是絕對的，必須擺脫「我是老闆，你是員工」的心態，這跟買方和賣方的關係一樣，是雙方面的選擇，你要把「賣點」（value proposition）秀出來，讓對方願者上鉤，因為「我」是所有選擇中最適合的選項。

　　「帶人」要從人性的角度去滿足對方的需求，例如，跟著我，你可以升官發財；可以有學習機會和發揮的舞台；或是可以有所依靠，有安全歸屬感。這就像男女交往一樣，一定要知己知彼。你不用先急著告訴對方你可以提供什麼，先了解對方的需求，再看看自己能給對方什麼。絕對不能 over promise（過度承諾），一旦承諾就要兌現，千萬不能欺騙對方，要不然對方信假為真，那你就得一直假下去，那會很累而且遲早要出問題。如果無法滿足對方的需求，即使是明星級的人才也不能要，你得學著挑適合的人帶。

當新手主管從乘客變駕駛

新手主管上任後的第一件事，就是先改變心態，換了屁股，也要跟著換腦袋。當你是搭車的乘客時，可以隨便指指點點，一旦變成開車的駕駛，掌握了權力相對也要扛起責任。畢竟車主是公司的股東，車上的乘客（人才）都是公司的資產，讓不懂開車（當主管）的人駕駛，最壞的情況是車毀人亡。

不是打球厲害的人就能當隊長，也不是飛機搭久了就能開飛機，同樣的，個人專業能力強不一定適合當主管，資深員工也不一定非要升官不可。台灣多數公司都沒有培育主管的計畫，其實擔任主管應該先經過培育和學習，就像要先考到駕照才能開車上路，一方面公司要培育、篩選對的人，另一方面當事人在過程中也要評估自己是否適合。這樣才是對公司、對當事人、對別人（員工、股東、客戶、供應商等）負責任。

剛考上駕照開車上路，一定要有人指點，才不會

跟死神擦身而過時不知所措。而新手主管也需要有導師（mentor）的幫忙，因為有些「眉角」只能意會，不能言傳，需要靠經驗累積，如果有人能從旁指點，就可能逢凶化吉。一定要弄清楚「駕駛」跟「乘客」的角色及需要的能力不一樣，不能有「我是靠本事上來」的心態。

很多新手主管常因擔心部屬不會做，甚至會犯錯，乾脆自己跳下去把事做完。短期來說，自己做確實比較快，但別忘了，「領導」就是「透過眾人完成任務」，要成為好的領導者，就要學習如何透過別人把事情做好。首先，要學習溝通，除了把事情講清楚外，讓對方聽懂更重要；其次，知其然，也要知其所以然，不要只急著告訴對方做什麼，卻沒有告知為什麼要這樣做；第三，要關心了解對方有哪些困難，以及需要哪些配套的資源。

就算部屬第一次做，花了三倍時間才完成任務，而且沒做好，但做久了還是會上手；而且主管是以一對多，多人一起做還是比一個人做要快；加上部屬可能會有不一樣的想法而有所突破，這些都比主管自己把事做好更重要。當然，第一次也可以由主管親自示範，但要拉著部屬的手，邊做邊教，就像師傅帶領徒弟那樣，除了用嘴講，還要讓對方有機會實際參與，

也要用心觀察他的反應和狀　。

建立高效能團隊的祕訣

在本書中，瓊·卡然巴哈（Jon Katzenbach）和道格拉斯·史密斯（Douglas Smith）在 1993 年發表的〈打造團隊力〉這篇突破性文章（於 2005 年 7 ～ 8 月號重刊），指出經理人如果要讓團隊做出更好的決策，就必須先把「團隊是什麼」界定清楚。團隊（team）與群體（group）不同，群體是一群不同的人聚在一起工作，而團隊是這群人彼此有相互依賴性（interdependency）。有效的群體所創造的績效，等於所有個人績效的總和，就像跳高＋標槍＋跑步成績＝田徑隊總成績；而高效能的團隊所創造的集體績效，會高於所有成員個人績效的總和，就像足球隊、籃球隊成員，無法單獨完成自己的任務，要靠成員間的互動和溝通，才能共同創造團隊的績效。

而團隊主管所扮演的角色，主要是建立共同價值觀，協助凝聚向心力，並整合大家的願景和方向。主管要打造高績效的團隊，首先要找到志同道合的成員，所謂「志同道合」，「志」指的是方向、目的、目標，「道」則是做為彼此互動行為準則的價值觀和信念。找到「志同道合」的人是好的開始，但只成功了　半，

還得經過不斷磨合，不斷學習、成長，才能因應環境變化的挑戰。

不少企業主管鼓勵內部競爭，希望透過競爭來激發人的潛力，進而讓團隊更好。但是，競爭分建設性和破壞性兩種，前者是靠真本事的君子之爭，對團隊有利；後者則是靠作虛弄假、偷呷步或是損人利己等方式，不擇手段去強化自己的績效。身為團隊領導人，不能一味強調內部競爭，要了解競爭只是一種手段，不是目的，唯有透過訂定制度規範，引導良性競爭，這才是「競爭之道」。

團隊要有紀律規範，紀律要符合「道」，不能只有僵化的教條，要靈活有效，就要在僵化與彈性間取得平衡，而且一定要把後面的精神講清楚。例如，警察開罰單，是為了強化交通安全，如果變質成增加政府財政收入，那就本末倒置，忘了初衷。

任何企業組織必須持續自我檢討、改進，從失敗中汲取教訓，成為學習型組織，才能永續成長。身為團隊領導人除了要以身作則外，還可以透過制約的方式，例如讓聽得進批評、有反省能力的部門或同仁得到獎賞，塑造願意接受別人批評的組織氣氛。如果能夠形塑「讓好人好事的成本降低，壞人壞事的成本變高」，「好人不會為求生存而被迫做壞事」的組織文

化，營造出想混的人無法生存或很難混下去的環境，就像生態工程一樣，剛開始透過人為介入，慢慢的外力轉變成內力後，就可以無為而治、永續經營了。

善用激勵創造雙贏

主管要懂得激勵員工，胡蘿蔔和棍子，哪個比較有效呢？棍子是負面強化的特效藥，可以立竿見影，馬上見效，但時效性短，而且還有副作用及後遺症，如引起反彈，甚至製造麻煩；胡蘿蔔是正面強化的補藥，可能不會立即見效，但效用持續較久。兩者必須軟硬兼施，及時（對的時間）或即時（立刻）使用，而且要看情境和對象來使用。

本書的另一篇文中，美國管理學教授菲德烈·赫茲伯格（Frederick Herzberg）在研究中發現，過去企業經理人光靠稱讚、給獎金或懲戒，就足以激勵員工；但現在，還必須讓員工的工作變得更有趣，滿足他們渴望的成就感才行。現代人對激勵的需求層次更高，要用內在激勵的方式，讓他們找到工作樂趣及意義。除了有形的物質環境，更要重視無形的心理環境，讓員工覺得盡心盡力把工作做好是利人利己的雙贏，那自然就形成各盡所能、各展其才的高效能組織。（林宜諄採訪整理）

序 資誠企管顧問公司（PwC Consulting）副董事長 劉鏡清

加速學習，
提升主管能力

主管主要的工作之一就是帶好團隊，發揮組織效能，展現高績效。要發揮組織效能有五大構面，分別為領導力、組織架構、管理能力、組織文化及人才。本書除組織架構外，多半重點均已提及，是非常值得深為主管精讀的一本書。

不同情境，不同管理風格

當我讀到本書第一章「高績效領導力」時，我彷彿進入了時空隧道，回憶起十多年前當我成為 IBM 經理時所上的第一課 Basic Blue，就是教導我們高績效領導力，那門課很震撼，因為是由自己、主管及部屬同時評估我是哪一種領導風格及組織氣候如何，結果非常令我訝異，我認為自己所屬的領導風格及組織氣候竟與部屬及主管看法截然不同。當時公司教我們除了善用領導風格，並規劃組織氣候外，也要我們注意他人觀點，切勿主觀的自以為是；同時，也要求我們訂

好計畫調整自己，才能創造組織績效。

　　IBM 尊重各種風格，但也提及 IBM 對經理層期望的管理風格為教練式的領導風格；同時又提醒我們教練式領導很費時間，因此要選擇正確對象，例如，蠢材就別教了。我記得當時屬教練式領導風格的同事們，都覺得很興奮，因為自己是符合 IBM 要求的經理；但下課前老師問大家一個問題，IBM 高階主管中比例最多的是哪一種領導風格時？結果卻又跌破大家眼鏡，因為超過 54% 是高壓式而非教練式領導風格，當時老師的解讀是，這是經濟環境變化與競爭日益激烈造成的。其實本書內容提供了正確的答案，不同情境需不同領導風格，IBM 曾歷經多次營運波折，因此出頭者中高壓式較多。不同情境均有最適風格，你的領導風格愈多種，管理愈到位。

　　有趣的是當我升任協理半年後，IBM 又做了一次領導風格及組織氣候調查，隨後安排課程，將我與我

部門的經理安排於同一組上課，同時也要求我與部門內的經理共同討論如何調整領導風格及改善組織氣候，形成改善計畫後逐步實施。其目的只有一個，公司要我們真正改變行為，確切落實高績效領導力。此恰巧與本書第一章高績效領導力內容不謀而合。

主管的必修課

書中所提及都是管理上常面臨的帶人難題，也是經理人成長過程中常見難題。本書提供我們許多值得省思的解法，更是管理者成長的捷徑。日前走訪一家台商，老闆向友人學到了 KPI 管理，就快速導入於自家公司，但他忽略了本書第二章所提之「激勵因子」及「保健因子」（指與工作本身無關，而與工作環境有關的因素，如工作條件、薪水等），結果員工只好欺騙老闆，最後主管怨聲連連，勞資之間互信盡失，如果當時老闆看過此篇文章，或許就能避免問題。近日有一大陸客戶進行組織改組，有一半的分公司主管為新人，為此我發起了「扶上馬，送一程」專案，協助新主管盡快上手，以免影響績效，書中「搶救菜鳥經理人」、「高績效領導力」等章節也成了我們參考的依據。其他章節如：失敗症候群更是普遍瀰漫於台商

與陸幹之間，高壓與指責形成的失敗症候群是許多台商成長的玻璃天花板（隱形阻力）。缺乏道德判斷與公平流程也是常見的士氣殺手；此外，聰明的主管不學習，也會造成組織成長的阻礙。

我在外商及台商均任職過，兩者在主管培訓的做法上最大差異，在於台商靠經驗心法，外商靠方法與科學，兩者作風截然不同，經驗心法靠傳承，靠主管自行修練，其知識來源來靠個人體驗及親身傳授，不易複製；但外商則喜歡引用學理及研究成果，再引入集體經驗形成教材，同時定義出自己所要的主管能力，再大量複製，因此甚少有人才短缺問題。台商則因此經常面臨人才不足問題，且公司內經理人不但參差不齊，其經理人的競爭力也因此與外商有所落差。

近年來輔導過很多台商，都面臨主管能力或人才不足的問題，本書內容雖不見得篇篇連貫，但卻篇篇精彩深入，且發人省思，是主管帶人與管理的聖經。善用它，將可彌補光靠經驗累積的不足，且可加速提升自我管理能力，或團隊能力。書中各章均為管理者的必修課程，內容非常實用，又是主管帶人必備的知識，相信讀過本書的人，如善用本書內容，必能協助你提升組織效能，超越績效目標。

序 安麗日用品公司總經理 陳惠雯

善用影響力

　　基層主管升遷通常是因為個人工作表現不錯才會被拔擢，此時最大的挑戰多在角色的調適，從一個人變成一個團隊後，要追求的不再是個人績效而是團隊績效，協調溝通也要變成跨部門溝通，但一個人做績效，與整個團隊做績效很不一樣，問題往往出在這裡。

新官上任先確認角色定位

　　新手主管上任後要學習的第一件事，就是要在最短時間內瞭解成員並贏得團隊的信任。

　　這跟籃球運動很像，當你從超級球員升格為基層教練後，必須調適自己的角色。當你是球員時固然很擅長進攻，但身為教練，你的工作是要協助團隊成員找到自己的定位和成就感。當然基層主管也要擔負工作績效，所以必須學習如何在球員和教練的角色間取得平衡。

　　回想我第一次擔任主管的經驗，其實並不成功，但也學到了寶貴的一課。當時我在聯合利華擔任產品

經理，帶領一個三、四人的小團隊，成員都很傑出。為了把工作做好，我凡事鉅細靡遺都要管，一切都要在掌控之中，結果部屬的成就感反而降低了，因為他們像是在為主管的個人績效做事。例如部屬在會議上做簡報，台下主管發問，只要五秒鐘沒答出來，我會立刻發揮母雞精神，幫忙回答。那時我常陪部屬加班，分享個人經驗，給他們指導，自認盡心盡力，但最後還是有員工離職了。

後來我的主管告訴我，要容許屬下犯錯，給他們成長的空間，好主管不應該過度的關懷和照顧。這次的教訓把我點醒了。主管是經理人，要對績效負責，但只要部屬不犯大錯，即使過程中偶有疏失，只要不影響整體結果，也是可以容許的。

另外我忽略了帶領團隊要先給願景、幫忙定焦，多跟部屬溝通，讓他們了解計畫的目的，而非只是告訴他們怎麼做。球員當久了，自己太會做事，難免過度干涉細節，現在回想起來，我其實是over-guiding

（過度指導）。如果我是員工，也不會希望主管給太大的壓力，甚至幫我把工作做完，讓自己得不到成就感。

花時間溝通建立團隊信任

主管要帶領團隊，建立信任是最重要的關鍵，但信任從何而來？第一是對事不對人；第二是決策過程的透明度（transparency）；第三是公正；第四是在團隊共識下建立清楚的紀律與原則（principle and guideline）；然後是主管做事的能力，主管的待人處事、過往的績效和經驗，會讓他願意信賴你、跟著你走。

很重要的一點是，你必須讓部屬知道你做的一切，都是真心為了他們未來的發展，這樣他們才會信任你。而建立信任需要花時間溝通，要願意傾聽部屬的反饋（feedback）才行。

我常跟同仁說，新主管上任的前三個月是黃金九十天，這段時間非常重要，要能win trust（贏得信任）、win credibility（贏得口碑）和win support（贏得支援）。

有些新手主管自認經驗不足、不懂管理，也有些

人是「新官上任三把火」，一上任就大肆改革，這兩種形態都不好，新主管在這個階段應該要努力學習怎麼當主管。

給予新手主管指導（coaching）是很重要的一環。新手主管如果表現不佳，當初拔擢他的主管其實要負很大的責任。剛上任的前九十天，應該替他安排一個訓練計畫，適時協助引導，並定期給他回饋意見，讓他清楚知道要勝任這個職位，還有哪些地方必須努力？團隊成員的優勢和缺點是什麼？但往往因為新手主管是公司的資深員工，反而會忽略了這一環。

我的做法是，在對方的實際工作中給予指導。通常第一個月不會給太多工作，第二個月會增加一些任務，在過程中讓他知道身為主管應該注意什麼。即使對方在公司已經一、二十年，我也會把他當新人看待。我都會建議主管，要跟部屬做很清楚的互動和溝通，協助屬下把事情做好，比自己的績效表現更為重要。

達成共識進而強化參與

「指揮部屬把事做完」和「幫助團隊能力提升」哪個是主管的優先工作？

我認為都很重要，但也因主管的位階高低而有不同的優先順序。如果是高層主管，可以較為偏重人才培育和提升團隊能力；反觀基層主管，因為肩負每日工作績效，因此提升團隊能力就必須在兼顧工作績效的情況下進行。

想要達成團隊績效表現，必須先取得團隊的共識，尤其是接到新任務或面臨危機時，主管切忌事必躬親，因為這是團隊要共同面對的，要讓成員一起參與討論，知道前因後果。如果不知為何而戰、為誰而戰，就不容易打勝仗。

面對激烈的市場挑戰，所有企業必須不斷創新改變才能生存。安麗是個三十年的企業，過去的營運策略目標，多由高階主管討論決定後再傳達給各部門，但在產品和通路成熟、新產品開發有限的情況下，要怎樣才能超越自己？

2011年時，我們動員所有同仁，花了一年的時間討論，為安麗設定了2015年的公司願景。我們希望在全球安麗各個市場中，成為營運創新、高績效表現及企業文化傳承的典範市場之一，並持續追求卓越，幫助人們過更好的生活。

經過充分討論後，每個員工都清楚公司的願景，

了解自己對顧客、對直銷商、對員工和對社會要扮演什麼樣的角色，以及自己的中長期目標，進而體認到自己是達成公司目標的貢獻者。

當員工對工作有了使命感，不再只是為了薪水、福利而工作，就算再忙、再累，也是為了公司的願景和目標而努力，自然提升了工作的價值。同樣的，主管也要給部屬願景，才能激勵他成長。

善用學長制幫部屬學習成長

以籃球隊來形容團隊，主管的角色就像教練，而教練會在球員之間找出一個跟教練彼此有默契、想法一致的人來擔任隊長，有時透過隊長去教導學弟更有效。

我這幾年的體會是，帶領部屬固然是主管的工作和責任，但教導的工作卻未必非要主管做才能成功，有時透過助教從旁協助，從不同的角度溝通，反而會讓對方覺得安心。尤其當團隊愈大時，主管更要在團隊中，找出意見影響領袖來扮演隊長的角色，以前輩的立場提供成員諮詢，這樣帶領團隊才會輕鬆，同時也可以培養接班人。

主管不能代替部屬做事，但可以幫助部屬釐清問

題所在,因為工作遇到的挑戰和困擾各有不同,主管必須建立溝通的管道以及團隊可以彼此諮詢的環境。像企業的人力資源單位就是意見的傾聽者與中介者,他們可以從公司的高度和廣度,扮演主管與員工雙方溝通互動的橋梁,以第三者的角色,客觀的幫員工找出問題,是被輔導者可以放心諮詢的對象。

不過,即使有人資幫忙,主管也不能逃避與部屬溝通的責任,而且要跟人資彼此信任,共同解決問題。

優化績效不佳的員工

團隊中有表現不佳的部屬,主管該怎麼辦?我認為,態度是重點,還有對方是否發現到問題,而且有心解決?如果部屬無心改變,我認為組織內適度的流動是無可避免的,畢竟主管帶人,就是要幫對方在團隊中找到發揮能力的最佳位置,人只有放對位置,才能發揮最大的產值和績效。

曾經有位同仁常因心情不佳而遲到,因此影響別人的工作,歷經兩任主管都沒有改善。原來主管只告訴她不要遲到,並未告知這樣已經造成別人的困擾,所以這位同仁並不知道問題的嚴重性。後來我請人資

介入，經過明確的溝通，不到一年就有所改善。

　　還有位非常能幹的同仁，做事效率很高，但因說話太衝，經常得罪別人，人資出面協助，才知道這位同仁並沒有意識到問題出在哪裡，於是透過安排公司外部評估，幫助他發現問題，同時安排改進溝通能力的培訓計畫，讓他產生很大的改變。

　　有時主管會與部屬發生衝突，是因為彼此的緊張關係已經存在，所以必須先取得員工對主管及公司的信任才能迎刃而解。面對表現不佳的部屬，主管一定要讓他知道：「我不是要挑你的毛病，而是要讓你更好。」

　　部屬發生問題時，主管要先檢討自己，是否了解部屬的優缺點，經過多方溝通後，必要時還是要淘汰不適合團隊的成員，這樣對其他成員才公平。

用影響力與願景打造領導力

　　我在安麗工作多年，學習到直銷是個必須靠影響力來激勵下線的行業，沒有辦法靠績效考核或賞罰來管理。而影響力除了來自於直銷商自己的業績，更重要的是有沒有花時間陪伴和協助下線，維持體系的向心力。

多數人會離開直銷是因為碰到困難無法堅持下去。而下線會願意一直跟著直銷商，不是因為眼前的收入，而是因為直銷商的影響力：你可以幫助我成功，我可以從你身上學到經驗，而且彼此的價值觀相近，所以我信任你。安麗的直銷商中，有人只有初中畢業，但下線是博士學歷，這是因為他堅定的信念和價值觀，吸引了相信他的人。

這讓我深刻感受到，一個好主管必須要能發揮影響力，而影響力來自實力、經驗和成就，以及願意協助部屬成長的用心。

領導力一定要有影響力才能展現，領導力可能來自位階賦予的權力和獎懲賞罰，而影響力才能真正激發員工對工作的熱情和使命感，也就是所謂的「主管帶人要帶心」，但帶心可不是一味的呵護，而是要讓對方真實感受到成就感。（林宜諄採訪整理）

Managing People

M

追求績效，是領導人最重要的工作。
因此，如何在你的領導下，
讓組織獲得好的成果，就成了
領導力的重大考驗。本文作者是
暢銷書《EQ》的作者高曼，
他在文中提出六種不同的領導風格，
並強調績效最好的領導人，
必須兼具各種領導技能，並適時轉換。

第 一 章

高績效領導力

Leadership
That Gets
Results

H B R

丹尼爾·高曼
Daniel Goleman

《EQ》（*Emotional Intelligence*）、《EQII—工作EQ》（*Working with Emotional Intelligence*）、《領導EQ》（*Leading with Emotional Intelligence*）等書作者。他曾擔任哈佛大學客座教授，以及美國羅格斯大學（Rutgers University）組織 EQ 研究協會（Consortium for Research on Emotional Intelligence in Organizations）聯合主席，並提供領導與組織發展等方面顧問服務。

如果你問任何一群商業人士這樣的問題：「高效能的領導人都做些什麼？」可能會得到一堆答案。領導人訂定策略、激勵士氣、創造使命、建立文化。你再問：「領導人該做些什麼？」如果這群人經驗豐富，你可能會聽到這樣的回答：「領導人唯一的任務就是追求成效。」

但怎麼做呢？領導人能夠且應該怎麼做，才能激發出人們最好的表現？箇中奧祕，長久以來一直困擾

**權威式領導人說明目標，
但通常會給予足夠的空間，讓大家選擇自己的路徑。**

H
B
Managing
People
R

著人們。近幾年，這個奧祕促成一個小型行業的繁榮發展，數以千計的「領導力專家」，以考驗及指導經理人為業，所有人都在努力培養出能實現大膽目標的商業人士；而這個目標可能是策略性、財務性、組織性，或是三者兼具的。

然而，許多人及組織仍然不太明白什麼是高效能領導。其中一個原因是，直到近期才有量化的研究資料，顯示哪種領導行為能獲得正面的成果。領導專家依據推論、經驗及直覺提供建議。有時他們的建議是正確的，有時則不然。

六大領導風格

黑麥博顧問公司（Hay／McBer）從全球超過兩萬名經理人的資料庫中，隨機抽出3,871人為樣本，進行一項新研究，解開有關高效領導的大部分奧祕之處。這個研究發現六種不同的領導風格，每種都由不同的情緒智慧要素組成（情緒智慧emotional intelligence，俗稱EQ）。而每個領導風格對各個企業、部門，以及團隊的工作氣氛，都會產生直接而獨特的效果，當然，也就影響到財務績效。但更重要的是，研究指出，績效最佳的領導人不會只採用一種領導風格，他們可能在一個星期內，視不同的商業情境，以不著痕跡的方式，運用了大部分的領導風格，而且運用的程度不一。這些領導風格，就像排列在職業高爾夫球選手球袋中的球桿一樣。在比賽過程中，選手會根據每一球的狀況選擇球桿。有時候，他需要仔細考慮選用哪一

情緒智慧101

情緒智慧（俗稱EQ）是有效管理自己與人際關係的能力，包含四種主要的才能：自我認知、自我規範、社會認知以及社交技巧。每一項才能都由一組能力要素組成，以下列述各項才能與主要的特點。

自我認知	自我規範
■情緒自我認知：有能力察覺並了解自己的情緒，並體認到自我情緒對工作績效、關係及其他事項的影響 ■精確的自我評量：對自我長短處的忠實評估 ■自信：強烈而正面的自我價值感	■自我控制：控制崩潰性情緒及衝動的能力 ■值得信任：持續展現誠實與正直 ■盡心盡責：管理自己及自我職責的能力 ■變通性：能隨變動的情況調整，並克服障礙 ■成就動機：追求完美的動機 ■主動進取：做好準備，把握機會

社會認知	社交技巧
■同理心：有能力感受他人的情緒、了解別人的看法，並對他們擔心的事情主動表示關心 ■組織認知：有能力掌握組織現狀、建立決策網，以及操縱政治生態 ■服務導向：找出並滿足顧客需求的能力	■具有願景的領導：有能力掌握一切，並以偉大的願景來振奮人心 ■影響力：運用各項有效戰術的能力 ■培養他人：經由回饋意見及指導，提升他人的能力 ■溝通：擅長傾聽，且有能力傳達清楚、具說服力、合宜的訊息 ■變革催化者：擅長提出新構想，並將人們引導至新方向 ■衝突管理：縮小歧見、協調解決方案的能力 ■建立緊密關係：擅長培養與維繫人際關係網 ■團隊合作：促進合作及建立團隊的能力

因素分析：領導風格如何影響風氣

我們調查每種領導風格如何影響風氣（工作氣氛）的六項要素。下表中的數字，代表每種領導風格與每項風氣要素的相關係數。拿「彈性」這項風氣組成要素來說明，我們可看出它與高壓領導風格的相關係數是負0.28，但與民主風格卻有正0.28的相關係數，強度相同，但方向相反。再看權威式領導，我們發現這種領導風格與獎勵有0.54的相關係數：高度正相關；而與責任感則僅有0.21的相關係數：正相關，但強

	高壓式	權威式	協調式
彈性	-0.28	0.32	0.27
責任感	-0.37	0.21	0.16
標準	0.02	0.38	0.31
獎勵	-0.18	0.54	0.48
理解程度	-0.11	0.44	0.37
工作投入程度	-0.13	0.35	0.34
對風氣的整體影響	-0.26	0.54	0.46

支球桿，但通常這種選擇的過程是反射動作。選手面對挑戰，會敏捷地拿出適當的工具，並優雅地使用那些工具。這也就是高效能領導人的做法。

這六種領導風格，都在職場老手的意料之中。其

度較弱。換句話說，這種領導風格與獎勵的相關性，是責任感的兩倍。

資料顯示，權威式領導對風氣造成最大的正面效果，而協調式、民主式、教練式等另外三種次之。這項研究告訴我們，不該只運用某一種領導風格，因為所有的領導風格至少都有短期作用。

	民主式	前導式	教練式
	0.28	-0.07	0.17
	0.23	0.04	0.08
	0.22	-0.27	0.39
	0.42	-0.29	0.43
	0.35	-0.28	0.38
	0.26	-0.20	0.27
	0.43	-0.25	0.42

實，只要看看每種風格的名稱及簡短說明，領導人、被領導人，或是大多數兼具這兩種身分的人，都會產生共鳴。高壓式領導人要求立即的服從，權威式領導人帶領大家朝某個願景前進，協調式領導人創造情感

上的連結與和諧，民主式領導人透過參與來建立共識，前導型領導人期待卓越的表現及自我領導，而教練型領導人則培育未來的人才。

閉上雙眼，你一定可以想到某位同事運用其中一種領導風格，而你自己也可能跟他一樣。因此，這份研究不同於以往的地方，在於它建議你該採取什麼行動。首先，這項研究精細地分析，不同的領導風格，會如何影響績效及成果。其次，對經理人何時該運用哪一種領導風格，也提供清楚的指導，並強烈主張應彈性轉換領導風格。此外，研究發現每種領導風格都源於不同的EQ因子，這也與以往不同。

衡量領導力的影響

將EQ要素與商業績效連結在一起的研究，提出至今已超過十年。已故的知名哈佛心理學家大衛‧麥克里蘭（David McClelland）發現，那些擁有六種或六種以上EQ能力的領導人，效能遠比沒有這些長處的同僚更高。舉例來說，他曾分析一家全球性食品飲料公司部門主管的績效，結果發現在擁有多項EQ能力的領導人中，87％的年度獎金（根據業務績效計算）排在前三分之一。更具體的說，他們的部門績效平均超過年度

營收目標15％到20％。而那些缺乏EQ的經理人，很少在年度績效考核中被列為「表現傑出」，他們的部門績效平均低於目標20％。

我們的研究希望深入探討領導能力與EQ，以及風氣（climate）與績效之間的關係。黑麥博顧問公司的瑪莉‧方頓（Mary Fontaine）與羅斯‧傑卡伯（Ruth Jacobs）帶領一群麥克里蘭的同事研究或觀察數千名經理人，注意到某些行為，以及那些行為對風氣的影響。每個領導人如何激勵直屬部屬？如何管理變革計畫？如何處理危機？直到研究進行到後期，我們才發現哪一種EQ能力會促成這六種領導風格。領導人在自我控制及社交技巧方面的表現如何？他會表現出高度或低度的同理心？

研究小組測試每位高階主管直接影響風氣的範圍有多大。「風氣」並非隨意使用的辭彙，最早定義何謂風氣的是心理學家喬治‧李特溫（George Litwin）與李察‧史俊哲（Richard Stringer），後來麥克里蘭和同事又重新定義。風氣是指影響組織工作環境的六項要素：組織的彈性，就是員工覺得可自由創新，且不受繁瑣公文程序所困的程度；對組織的責任感；訂立標準的高低程度；績效考核的正確性，以及獎勵的適當

概述六大領導風格

我們的研究顯示，領導人運用六種領導風格，每種風格都由不同的EQ要素組成。以下是這些領導風格的摘要，包括它們

	高壓式	權威式
領導人的表現方式	要求立即服從	將大家帶向同一個願景
以一句話說明領導風格	「照我的話做」	「追隨我」
EQ能力	成就動機、主動精神、自我控制	自信、同理心、變革催化者
何時運用	在危機時可開始進行反敗為勝計畫，或是處理問題員工	當改革需要一個新的願景，或是需要明確的方向時
對風氣的整體影響	負面	非常正面

的成因，何時最能發揮作用，以及對組織風氣及績效的影
響。

協調式	民主式	前導式	教練式
創造情感上的連結與和諧	在參與的過程中產生共識	建立高績效標準	為未來培育人才
「以人為優先」	「你認為呢？」	「現在跟著我做」	「試試看這個」
同理心、建立關係、溝通	合作、團隊領導、溝通	周到、成就動機、主動精神	培育人才、同理心、自我認知
需要排解團隊不和，或是在面臨壓力的情況下激勵大家	爭取支持或共識，或者徵詢重要員工的想法	透過工作動機強大、有能力的團隊，迅速獲得成效	協助員工改善績效，或是發展長期優勢
正面	正面	負面	正面

程度；對任務及價值觀的理解程度；達成共同目標的
努力程度。

我們發現這六種領導風格，對風氣的六項要素
都會有影響，而且是可衡量的影響（見表：「因素分
析：領導風格如何影響風氣」）。我們進一步觀察風
氣對財務數字的影響，像是盈餘、營收成長、效率、
獲利率，結果發現兩者有直接的相關性。那些運用領
導風格對風氣造成正面影響的領導人，跟沒有這麼做
的領導人比起來，財務績效較好。這並不是說，組織
風氣是影響績效的唯一因素，經濟狀況及競爭力也相
當重要，但我們的研究指出，風氣大概對績效造成三
分之一的影響。這樣的影響程度，不容忽視。

領導風格剖析

經理人運用六種領導風格，但其中只有四種對風
氣及績效有正面影響。接下來，我們會詳細探討每一
種領導風格（見表：「概述六大領導風格」）。

風格1：
高壓式領導

有一家電腦公司正處於危急狀態，銷售與獲利衰

退，股價急速下跌，股東吵鬧不休。董事會找來一位以幫企業起死回生聞名的新執行長。這位執行長一開始就大刀闊斧改革，出售一些部門，並做出幾年前就該執行的艱難決定。公司最後起死回生，至少在短期內看來是如此。

然而，這位執行長也從一開始就展開恐怖的統治。他威脅及要求經理人，而且看到小小的錯誤就破口大罵。公司不僅因為他任意開除人員而折損大批主管，也有許多主管主動離職。執行長的直屬部屬因為他會怪罪傳遞壞消息的人，而不再向他報告任何消息。公司的士氣出奇低落，於是業務在短暫復甦後，又經歷另一次衰退。這位執行長最後被董事會開除。

我們不難理解，為什麼在大部分的情況下，高壓式領導都是所有領導風格中最無效的一種。想想看這種領導風格對組織氣氛的影響，尤其彈性受到的傷害最深。領導人由上而下的極端決策模式，阻絕了所有新構想的產生，員工覺得不受尊重，所以他們會說：「我才不要提出想法，反正只會被否決。」同樣地，大家的責任感也隨之煙消雲散。大家都認為，既然無法照自己的想法採取行動，就沒有參與感，也不需要對績效負責了。有些人會變得相當憤慨，他們的態度

是：「我才不要幫這個壞傢伙！」

　　高壓式領導也對獎勵制度有破壞性的影響。許多表現良好的員工，不只在乎金錢方面的激勵，也追求工作圓滿完成的滿足感，而高壓式領導削弱了這種自豪感。最後，高壓式領導會破壞領導人的一項重要工具，這個工具就是告訴員工他們的工作有多麼符合偉大的共同目標，藉此激勵他們。這樣的損失，會讓人們對自己的工作產生疏離感，想著：「這一切有什麼重要的？」

　　如果考量到上述高壓式領導的影響，你可能會假設經理人根本不該採用這種領導風格，但我們的研究卻發現，高壓式領導在以下幾種情況最能發揮效用。我們看看下面的例子。

　　有一家賠錢的食品公司延攬一位部門總裁，來改變公司的方向。他改變的第一步，就是拆除高階主管會議室。那間會議室有一張長形大理石桌子，看起來就像電視影集裡「企業號」太空船的船艙。他認為，那間會議室正好象徵著那些癱瘓公司、被傳統束縛的繁文縟節。他這一連串的舉動，包括拆除會議室，以及隨後搬到一個較小、沒那麼正式的會議室，透露出來的訊息，大家都注意到了，之後這個部門的文化就

迅速改變了。

　　也就是說，高壓式領導只能極謹慎地使用，而且只能在絕對必要的少數情況下才能使用，像是要讓企業起死回生，或是敵意併購時。在這些情況下，高壓式領導可以打破不當的企業習性，並讓人們在震驚下採取新的工作方式。在一些真正緊急的狀況時，高壓式領導也非常適用，像是地震或火災的善後處理；另外，這種領導風格也可以用在其他人都處理不了的問題員工身上。但如果領導人完全仰賴高壓式風格，或是在緊急情況結束後，仍持續採用這種風格，長期忽略公司士氣及員工的感受，會對公司產生破壞性的影響。

風格2：
權威式領導

　　湯姆曾經擔任一家慘澹經營的美國連鎖披薩餐廳行銷副總裁。不用說，公司差勁的績效一直困擾著資深經理人，但他們也不知道該怎麼辦。每個星期一，他們會開會討論最近的營收，設法找出解決方案。對湯姆來說，這種做法毫無道理。「我們一直試著找出上星期營收下滑的原因，全公司的人都在往後看，而

不去想明天我們該怎麼做。」

後來在一次公司外的策略會議中，湯姆發現有個機會能改變人們的想法。當時的對話，是從這樣一個老掉牙的論調開始：「公司必須增加股東的財富，並提升資產報酬率。」湯姆認為，這種想法不能激勵餐廳經理變得更有創意，或是做得比「尚可」更好。

協調式領導非常強調稱讚，可能無法改正不良的表現，而員工也可能會以為公司可以容許平庸。

Managing
People

因此，湯姆採取一個大膽的舉動。在會議中，他熱切請求同事從顧客的角度來思考。他提出顧客想要的是便利，公司不是在經營餐廳，而是在經營一個提供高品質、可輕易吃到披薩的生意。就只是這樣的概念和想法，引發出公司後來做的每一件事。

湯姆充滿活力的熱忱，以及清楚的願景，正是權威式領導的註冊商標，也讓他填補了公司的領導真空。他的概念成為公司新宗旨的核心，而這種概念上

的突破，只是個開始。湯姆進一步讓新宗旨納入公司的策略規畫流程，並成為成長的動力來源。另外，他也非常清楚地描繪出願景，讓所有地區餐廳經理都明白，他們是公司成功的關鍵，而且自己有足夠的發揮空間，可以找出遞送披薩的新方法。

之後，很快便出現一些改變。幾個星期內，許多地區經理人開始提出更短的保證送達時間，甚至變得像創業家一般，找到一些有創意的地點開設分店，比如說位於人潮繁忙街角、公車站及火車站的小亭子，甚至連機場或旅館大廳的手推車都不放過。

湯姆的成功絕非僥倖。我們的研究指出，權威式領導是六種風格中最有效的一種，可以激發風氣的每一項要素。更清楚地說，權威式領導人是夢想家，他激勵人們的方式，就是讓他們了解自己的工作如何契合組織的願景。所以，權威式領導人的部屬會明白，自己做的事相當重要，也了解為什麼重要。權威式領導也能讓人們投注最大努力，以達成組織目標及策略。把每個人的任務納入全公司的願景後，權威式領導人會根據這個願景訂定一些標準。所以，當他評估績效時，無論是正面或負面評價，唯一的標準就是要看績效是否對達成願景有貢獻。對所有人而言，標準

與獎勵都是一清二楚的。

最後，我們來看看這種領導風格對彈性的影響。權威式領導人說明目標，但通常會給予足夠的空間，讓大家選擇自己的路徑。這一型的領導人給人們創新、實驗，以及冒某種程度風險的自由。

權威式領導會帶來正面的影響，因此幾乎在任何情況下，這種風格的效果都很不錯。當一個企業失去

> 民主式領導可在何時發揮最大功效？
> 就是當領導人自己也不確定方向，需要有能力的部屬
> 貢獻想法或提供指導的時候。

H
B
R
Managing
People

方向時，權威式領導的效果特別顯著。因為權威式領導人會描繪出一個新方向，並向大家成功推銷一個全新的長期願景。

權威式領導雖然非常有力，卻不是每次都有效。比方說，當領導人與一群比他更有經驗的專家或同儕一起工作時，這種方式會失敗；他們會認為這位領導人太自大，或是與現況脫節。另一個限制是，如果經

理人展現權威之餘變得專橫傲慢，就會破壞高效能團隊的平等精神。即使有上述這些警告，領導人還是該常使用權威這根「球桿」。雖然不能保證一桿進洞，至少會讓你揮出長桿。

風格3：
協調式領導

如果說高壓式領導人要求「照我說的去做」，而權威式領導人力勸人「追隨我」，那麼，協調式領導人就會說「以人為優先」。這種領導風格以人為中心，協調式領導的擁護者，對個人與情緒的重視程度，超越任務與目標。協調式領導人努力讓員工保持愉快，並在員工間創造和諧氣氛。他們的管理方式是，建立堅強的情感連結，然後享有這種方式帶來的好處，也就是強烈的忠誠度。在溝通方面，這種領導風格也有顯著的正面影響，彼此喜歡的人，交談的機會也多一些。他們會分享彼此的想法，也會分享靈感。

協調式領導也有助於提升彈性，朋友間會互相信任、允許習慣性的創新，以及冒一些風險。彈性提高還有另一個原因，協調式領導人不會對員工如何完成

工作，設定一些不必要的限制，就好像父母會為了正值青少年的孩子修改家規。他們給予員工自由，讓員工以自認最有效的方式工作。

至於工作表現良好能得到什麼認可與獎勵，協調型領導人向來不吝於給予正面回饋。在工作中，這樣的回饋不多，因此更顯得效力驚人。大部分的人除了年度績效考核外，每天的努力根本沒有得到回饋，或是只有負面回應。正因為如此，協調型領導人的正面話語更具激勵效果。最後，協調型領導人非常擅長建立歸屬感。舉例來說，他們會帶直屬部屬到外面吃飯或喝咖啡，一對一詢問他們的近況。他們也會買蛋糕，一起慶祝團隊的成就。他們是天生的關係建立者。

曾經是紐約洋基隊（Yankees）靈魂人物的喬伊‧托瑞（Joe Torre），是典型的協調型領導人。在1999年美國職棒冠軍賽期間，托瑞在球員深受冠軍賽的情緒壓力煎熬時，有技巧地照顧球員的心理狀態。

在整個球季中，他特別讚許史考特‧布洛休斯（Scott Brosius），布洛休斯的父親在球季中過世，但他在悲痛中，仍持續全力投入球賽。在球隊打完最後一場比賽的慶祝會中，托瑞也特別提到右外野手保羅‧

歐尼爾（Paul O'Neil）。歐尼爾在當天早上得知父親去世的消息，但還是決定參加那場極重要的比賽，等到比賽結束的那一刻，他的眼淚才決堤而出。托瑞完全能體會歐尼爾受的煎熬，並稱他為「勇士」。托瑞在勝利慶祝會中，也特別稱讚兩位球員，他們因合約爭議，隔年不見得能繼續留在球隊。藉由上述的舉動，托瑞向球隊及球隊老闆傳送一個清楚的訊息，他極度看重這些球員，不願失去他們。

除了照顧部屬的情緒，協調型領導人也會公開談論自己的心情。在托瑞的哥哥等待心臟移植，面臨垂死邊緣的那一年，托瑞對球員訴說他的憂慮。而托瑞也曾對球員坦白說明自己攝護腺癌的治療情形。

協調型領導帶來的影響都相當正面，因此適用於所有的情況。領導人如果試圖建立團隊和諧、提升士氣、改善溝通，或是修補已破壞的信任，特別適合採取這種方式。比方說，我們研究中的某個經理人，就被找去接替一個無情的團隊領導人。之前那位領導人會搶員工的功勞，並設法讓團隊成員互鬥，雖然他最後並未如願，但整個團隊已變得互相猜忌，而且很疲憊。這位新主管努力改善情況，他坦誠表達感受，並重新建立團隊的向心力。在他的領導之下，幾個月後

團隊重新展現向心力與活力。

儘管協調型領導有許多優點,但並不適合單獨使用。因為這種領導風格形態非常強調稱讚,可能無法改正不良的表現,而員工也可能會以為公司可以容許平庸。協調式領導人很少對員工應如何改善,提供建設性的建議,因此員工必須自己摸索。有時員工需要清楚的指令,帶領他們度過複雜的挑戰,但協調型領導人卻沒有指引他們方向。若過於依賴這種領導風格,可能會讓團隊走向失敗。或許正因如此,許多協調型領導人,包括托瑞,在採用這種領導風格時,會與權威式領導緊密結合。權威式領導人描述願景、設立標準,讓大家知道自己的工作會如何協助整個團隊朝目標邁進。這種方式與呵護培育式的協調型領導交替使用,就是一個超強的組合。

風格4:
民主式領導

瑪莉修女在某個大都會區主持一個天主教學校體系。其中一所是那個極貧窮地區唯一的私立學校,已經虧損多年,主教教區已無經費,可讓學校再繼續經營下去。瑪莉修女終於接到關閉學校的通知時,並沒

有把校門鎖上，反而召集所有的老師與幕僚開會，解釋財務危機的詳細情形。這學校所有工作人員，首度有機會參與學校的經營。她徵求他們的意見，看看有什麼辦法，能讓學校繼續經營下去，如何處理關校事宜，以及是否應該關校。在會議期間，瑪莉修女大半時間都在傾聽。

後來與家長、社區、老師、幕僚的會議裡，她也是如此。在開了兩個月的會後，共識逐漸浮現：學校可能必須關閉。於是他們訂下計畫，要將學生轉到同一體系的其他天主教學校。

這個結果，與瑪莉修女在接到通知當天就關閉學校並沒有不同。但因瑪莉修女讓學校所有成員共同做下這個決定，免除了一些可能伴隨關校行動而來的嚴重後果。大家雖然為失去這所學校而難過，但也了解這是不可避免的，完全沒有人抗議。

再看看另一所天主教學校神父的經驗。他也是收到通知要關閉學校，他依命令執行，結果卻相當慘重。家長提出訴訟、老師與家長圍校抗議、當地報紙更發表社論抨擊他的決定。最後他花了整整一年的時間解決爭議，學校才得以關閉。

瑪莉修女為民主式領導做了示範，也展現了這種

領導風格的成效。領導人在花時間聽取與接納大家意見的過程中，建立了信任、尊重與參與感。民主式領導人讓員工有機會參與對目標有影響的決策，並決定工作方式，因而能提升彈性與責任感。此外，傾聽員工的想法之後，民主式領導人知道如何才能維持高昂的士氣。由於員工有機會參與設定目標，以及衡量成功的標準，因此在民主體制下工作的人，很清楚了解哪些事能完成、哪些事不能完成。

然而，民主式領導也有缺點，它對風氣的影響，並不像有些領導風格那麼大。其中最糟糕的一項，就是有開不完的會，會議中所有的想法都要仔細考量，卻毫無共識，唯一的結論就是訂下更多會議。有些民主式領導人會利用這樣的領導風格，來延緩做出重大決策，他們期望經過充分討論後，最終會產生一個絕佳的看法，但實際上，他們的部屬只會覺得困惑與缺乏領導。這種方式甚至可能會增加衝突。

民主式領導可在何時發揮最大功效？就是當領導人自己也不確定方向，需要有能力的部屬貢獻想法或提供指導的時候。即使領導人有良好的願景，但民主式領導還是可以蒐集全新的想法，以協助執行領導人的願景。

　　當然，如果部屬的能力或資訊並不足以提供有效的建議，民主式領導就不適用了。在危機時，建立共識更是種錯誤。看看以下這個執行長的例子，他的電腦公司正因市場改變，而深受威脅。他一向以凝聚共識的方式，來決定下一步的行動，所以當競爭者偷走客戶，顧客需求也有所改變時，他依然指定委員會討論當時的情勢。後來整個市場因一項新技術的發明，而發生劇烈的轉變，這位執行長終於被淘汰出局。在他準備指定另一個工作小組，來討論當時的情況之前，董事會將他撤換。新的執行長時而採用民主式領導，時而採用協調式，但主要是用權威式領導，特別是在他就任後的幾個月。

風格5：
前導式領導

　　就像高壓式領導一般，前導式也是領導人可以採用的風格之一，但必須非常謹慎地使用。這與我們先前預期的不一樣。畢竟，前導式領導的特點，聽起來似乎很值得稱讚。領導人會先設立超高績效標準，然後自己示範。他很執著於把事情做得又快又好，也以相同標準要求周遭的人。他會迅速指出員工表現不好

的地方，並要求他們做得更好。如果員工無法應付挑戰，他會找到有能力的人來代替。或許，你會覺得這樣的方式可以改善績效，但並非如此。

其實，前導式領導會摧毀士氣。許多員工會覺得，前導式領導人對完美的要求，讓他們無法負荷，因此士氣急速下降。工作的原則，在領導人腦中或許非常清楚，卻未清楚說明，他期待大家會知道該怎麼做，甚至認為：「如果還得要我告訴你，你就不是做這項工作的合適人選。」因此，工作變成要猜測領導人的心意，而不是盡全力來執行已清楚界定的任務。同時，大家也會感覺到，前導式領導人並不信任員工用自己的方式做事，或是採取主動。彈性與責任感消失無蹤，工作變得非常任務導向及常規化，非常無趣。

至於獎勵，前導式領導人對部屬的表現可能沒有任何回饋意見，甚至當他覺得部屬的進度落後時，他會乾脆自己接手。如果領導人不在，大家會覺得毫無方向，因為太習慣有「專家」替他們制訂規則。最後，在前導式領導人的帶領下，員工對公司的投入程度可能會降低，因為大家並不知道自己的努力，與公司的大目標如何配合。

增長你的EQ

EQ與智商不同，智商主要決定於遺傳，從小到大不會有太大差異，而EQ可在任何年齡學習，雖然並不容易。學習EQ需要練習及長時間的投入，但這樣的投入相當值得。

接下來，我們看看一位全球性食品公司部門行銷主管的例子。傑克是個典型的前導型領導人，他精力充沛，永遠在追求更好的做事方式，並在其他人看來似乎無法如期完成工作時，過度積極地介入或接手別人的事。更糟的是，如果有人無法達到傑克的要求，他可能會對那個人張牙舞爪，即使別人只是沒有照他認為最佳的順序來工作，他也會發脾氣。

可以預見的是，傑克的領導風格，對風氣及業務績效將會造成災難性的影響。就在他連續兩年表現不理想後，老闆建議他去找一個教練，傑克並不樂意，但他知道事關工作，所以妥協了。

這位教練是一位教人們如何提升EQ的專家，他

先替傑克做一次360度評估。從各種角度來診斷一個人，對改善EQ是相當重要的，因為那些最需要幫助的人，通常都有盲點。我們的研究發現，那些表現最好的領導人，最多只會高估自己一項EQ能力，而那些表現不佳的領導人，卻往往高估四項以上的能力。傑克還不至於如此離譜，但他對自己的評價，的確高過部屬對他的看法。他的部屬在情緒自我控制及同理心方面，給他特別低的評分。

一開始，傑克無法接受這些回應，但教練告訴他，這些弱點會使他無法運用以這些能力為基礎的領導風格（尤其是權威式、協調式、教練式領導風格），於是傑克明白，他若想繼續在公司裡晉升，就必須改進。這樣的連結過程是必要的，主要原因是，不可能只經過一個週末或一場研討會，就立即改善EQ，而必須在工作中努力實行，這可能需要花好幾個月的時間。如果人們看不出這樣的改變有何價值，是不會付出努力的。

等到傑克開始致力改善，並決定全心全意努力後，他與教練擬定一個計畫，將每天的工作轉變

成學習的實驗室。比方說，傑克發現在情勢平順時，他比較具有同理心，一旦有危機產生，他就不會顧慮到別人的想法，這樣的傾向，造成他在最需要傾聽別人聲音的時刻，卻無法聽進其他人的意見。根據傑克的計畫，他應該在遇到困難時，特別注意自己的行為，一旦意識到自己開始緊張，第一要務就是立刻退一步，讓其他人發言，然後要求他們釐清問題。這樣做，是要避免他在壓力下表現出批判或惡意。

改變並非一蹴可幾，但經由練習，傑克學會壓住怒氣，以討論的方式取代滔滔不絕地說教。雖然他不見得同意他們的看法，但至少給大家表達意見的機會。同時，傑克也學著給直屬部屬一些正面回應，並提醒部屬，他們的工作對達成團隊任務有多大貢獻，而他也控制自己不要過度干涉部屬。

傑克與教練每週或每兩週見一次面，討論進展，並針對一些問題提出建議。舉例而言，有時傑克會發現自己又陷入前導式領導風格的圈套：打斷別人、自己接手，而且會大發雷霆，每次他都感到很後悔。因此，傑克與教練逐一剖析這些故態復萌的行為，試圖

找出究竟是哪些因素，讓傑克又恢復以往的行為模式，而下次若有相同情況發生時，又該如何處理。這種「預防復發」的方法，可幫人們防止未來犯下錯誤或輕言放棄。六個月下來，傑克有了明顯的進步。根據他自己的資料，他發飆的次數，從一開始的一天一次或數次，降低為一個月一到兩次。風氣迅速改善，部門的財務績效也逐步攀升。

為什麼提升EQ能力，無法在數天內達成，而必須花幾個月的時間呢？因為它涉及腦的情緒中心，而不只是新皮質。新皮質又稱思考性腦部，主要是

舉在一家大型製藥公司研發部門工作的生物化學家山姆的例子，來說明前導式領導風格。山姆憑藉優異的技術專才，成為明日之星，大家只要有問題，都會向他尋求答案。很快地，他晉升領導一個新產品開發小組。小組其他成員與山姆一樣有能力，而且自動自發，所以山姆身為小組領導人的主要工作便是以身作則，示範在強大的時間壓力下，如何完成第一等的科學研究工作，並在需要時介入。他的小組後來在破

學習技術性技能，以及純粹的認知能力：它可以快速地吸收知識，但情緒性腦部不是這樣。想要熟悉一種新的行為，情緒中心需要不斷重複及練習。提升你的EQ，就跟改變你的習慣一樣，傳遞領導習慣的腦部迴路，必須先清除舊的領導方式，才能更換新的，某種行為的重複頻率愈高，腦部迴路也就變得愈強。到了某種程度，新的神經傳導通路，便成了大腦的既定選擇（default option）。到那時候，傑克即可不費吹灰之力執行領導風格的各項步驟，採取對他及公司最有利的領導風格。

紀錄的時間內完成任務。

接著，新的任務來了。山姆被指派去負責整個部門的研發工作。他的工作範圍擴大為必須提出願景、協調各項計畫、授權，以及培養部屬，他開始招架不住。他不相信部屬與他一樣有能力，所以變成事必躬親式的經理，非常重視細節，並在員工表現不如預期時，將工作接過來做。山姆不相信部屬在經過指導及培養後可以改進，因此親自接管一個表現不佳的研究

小組，結果他每天晚上及假日都在加班。最後，他的上司提出一個讓山姆鬆了一口氣的建議：讓他回到原先的職位，繼續擔任產品開發小組的組長。

雖然山姆遭遇一些不順，但前導式領導風格並不一定會形成災難。如果所有員工都自動自發、極有能力，也不太需要指導與協調時，這種領導風格能發揮最佳效果。比方說，對帶領研發小組或律師團隊之類極度專業及自動自發專家的領導人而言，前導式領導是很適合的方式。在領導一個有才能的團隊時，前導式領導人能即時或提前完成工作，但就如同其他領導風格一樣，前導式領導不能單獨使用。

風格6：
教練式領導

有家全球電腦公司某個產品單位的營收，原先是競爭者的兩倍，後來降到僅有競爭者的一半，生產部門總裁羅倫斯因此決定關閉該部門，並重新調整人員與產品。部門主管詹姆斯聽到這個消息後，決定越過他的主管，直接見執行長為他的部門辯護。

羅倫斯要如何回應呢？他不但沒有對詹姆斯大發一頓脾氣，反而藉這機會與他坐下來談，談話的內

容不僅包括關閉部門的決定，也談到詹姆斯的未來。
他向詹姆斯解釋，換到新部門有助於培養新技能，不
但能讓他成為更好的領導人，也可更加了解公司的業
務。

　　羅倫斯的表現比較像一個顧問，而非上司。他仔
細聽詹姆斯的想法與期望，也與詹姆斯分享他自己的
看法。他說，他相信詹姆斯對自己目前的工作應該有
些厭倦了，畢竟，這是詹姆斯在這家公司裡唯一待過
的單位，他可以預見詹姆斯在新工作上，一定會有所
表現。

　　接著，談話轉到實務問題上。詹姆斯尚未與執行
長會面，而這是詹姆斯聽到部門即將關閉的消息後，
極力要求安排的。羅倫斯知道這一點，也知道執行長
很支持關閉的決定，於是他花了一些時間，教詹姆斯
該如何在會議中表達意見。他說：「你不會常有這種
機會讓執行長聽你表達意見，一定要讓他對你的深思
熟慮留下深刻印象。」他建議詹姆斯不要為自己說
話，而應該把焦點放在事業單位上。「如果他覺得，
你去見他只是為了爭取自己的榮譽，很快就會把你趕
出來，比你自己走出那道門還快。」羅倫斯也建議詹
姆斯把自己的想法寫下來，執行長一向欣賞這一點。

　　為什麼羅倫斯願意以教導代替責罵？他向我們解釋：「詹姆斯是個好人，非常有才能及潛力，我不希望這件事影響他的職業生涯。我希望他能留在公司，期盼他能設法解決、從中學習，因此受益且成長。雖然他的部門表現不佳，但這不代表他很糟糕。」

　　羅倫斯的舉動，為教練式領導風格做了完美的示範。教練式領導人協助部屬，找出自己獨特的優劣

教練式領導人協助部屬，找出自己獨特的優劣勢，
並將這些優劣勢，與部屬個人及工作上的
抱負連結在一起。

H
B
R

Managing
People

勢，並將這些優劣勢，與部屬個人及工作上的抱負連結在一起。教練式領導人鼓勵員工建立長期的發展目標，並協助員工訂定計畫，以達成那些目標。領導人在訂定發展計畫的過程中應承擔什麼角色和責任，都會事先與員工取得共識，而且會給予充分的指導與回饋意見。教練式領導人擅長授權，會給員工具挑戰性的任務，即使這麼做會使得工作無法迅速完成。換句

話說，這些領導人願意忍受短期的失敗，只要能換得長期的學習。

我們的研究發現，在六種領導風格中，教練式領導是最不常獲採用的一種。許多領導人告訴我們，教導員工和幫員工成長，是緩慢而冗長的工作，在這種高度壓力的經濟情勢下，根本沒有時間去做。其實，只要過了最初的那段時間，之後便毋需花費太多時間。那些忽略教練式領導風格的人，會錯失一項有力的工具，這種領導風格對風氣與績效有相當正面的影響。

但不可否認，教練式領導對企業績效是否有正面影響，這一點仍有些爭議，因為它主要著重在個人的發展，而不見得是與工作立即相關的任務。但即使如此，教練式領導依然會改善績效。原因是，教導過程中需要持續對話，而這些對話會促進構成風氣的每項要素。舉彈性為例，員工若是知道上司會看著他，並在意他所做的事，就會覺得可自由地做一些實驗。因為他確知會得到快速而有建設性的回應。同樣地，教練式領導過程中的持續對話，讓員工知道領導人對他們的期望，也了解他們的工作如何與遠大的願景或策略配合，而這一點，會影響責任感與理解程度。

教練式領導也有助於強化向心力，因為這種領導風格傳遞的訊息是：「我相信你，我投注心力在你身上，而我期待你最好的表現。」員工通常會全心全意來迎接挑戰。

在許多情況下，教練式領導都能發揮良好的效果，但要在被領導的一方期待接受這種領導時，才會最有效。比方說，當員工知道自己的弱點，並願意改善本身的績效時，教練式領導的效果奇佳。同樣地，如果員工了解培養新技能可幫助自己進步，教練式領導也能發揮良好功效。簡單來說，如果員工樂於受教，這種領導風格就最有效。

相反地，當員工為了某些原因抗拒學習，或是不願改變做法時，教練式領導的成效最差。而當領導人缺乏協助員工的專才時，教練式領導也會失敗。實際情況是，許多經理人並不熟悉或沒有能力指導別人，尤其這需要持續不斷針對工作表現提出回饋意見；畢竟，回饋的目的在於激勵，而不是製造恐懼或冷漠。許多公司已了解教練式領導風格的正面影響，並試圖將這種領導風格變成公司的核心競爭力。在某些公司裡，經理人年終獎金中很大的一部分，取決於他對部屬的栽培。但也有許多組織並未充分利用教練式領

導風格的優點。雖然教練式領導不會大聲嚷著「獲利」，卻能帶來獲利。

領導人要展現多種風格

我們的研究和其他許多研究顯示，領導人展現出愈多種領導風格愈好。精於四種以上的風格，尤其是權威式、民主式、協調式、教練式的領導人，能帶來良好的風氣與企業績效；而最有效的領導人，會在適當的時機，彈性運用不同的領導風格。雖然這聽起來似乎有些嚇人，但我們在大企業或新創公司中常看到這樣的情況，有些可能是經驗老到的領導人，他們說得出如何及為何要領導；也有些是創業家，他們的領導全憑感覺。

這些領導人並不會遵照適用情境的清單，來決定自己的領導風格，其實他們的做法更靈活得多。他們很能掌握自己對別人的影響力，而且能順暢地調整領導風格，以獲得最佳的結果。舉例來說，這些領導人能在交談幾分鐘後就看出：某個員工有才能卻表現不佳，主要是受到要求員工照指示做的冷酷經理人打壓。因此這位員工需要別人鼓勵，提醒他為何工作；領導人或許也可詢問員工的理想與抱負，然後設法讓

他的工作變得更具挑戰性，來激勵員工。也許領導人與員工最初的那一番對話，已可看出必須對員工下最後通牒，若不能改進，就得離開。

談到靈活運用領導風格，我們可以看看瓊安的例子，她在一家全球性食品飲料公司一個主要部門擔任總經理。瓊安獲派接任總經理時，部門正面臨重大

領導人並不會遵照適用情境的清單，
來決定自己的領導風格，其實他們的做法更靈活得多。

Managing
People

危機，已有六年無法達成獲利目標，最近的年度獲利甚至低於目標五千萬美元。高階經理人的士氣跌到谷底，不信任與憤怒的情緒四處蔓延。瓊安接到的指示很簡單，就是讓部門起死回生。

瓊安的確做到了。她以少見的靈敏度，快速游移在不同領導風格中。瓊安一開始就知道，她只有很短的時間能展現有效領導，並建立和諧的關係與信任。她也明白，必須在短時間內了解到底是哪裡出了錯，

所以她的首要工作，就是聆聽關鍵人員的話。

　　她在上任後的第一週，就與管理團隊中的每個人進行午餐或晚餐會議。瓊安試圖蒐集每個人對現況的看法，但她的重點，並不完全在了解每個人對問題的解讀，而是偏重在了解每個經理人。這時瓊安採用的，是協調式的領導風格，她探索他們的生活、夢想與抱負。

　　她也採用教練式領導，設法幫團隊成員達成職業生涯的目標。比方說，有位經理人不斷聽到別人批評他是糟糕的團隊成員，他向瓊安表達憂慮。這位經理人自認是很好的團隊成員，卻因別人持續抱怨而飽受困擾。瓊安認為他的確很有才能，也是公司有價值的資產，所以與他約定，當他的舉止會妨礙他成為優秀團隊成員的目標時，她會私下指正他。

　　在一對一的會談結束後，瓊安在公司外舉行一場為期三天的會議，主要目的是建立團隊，並讓每個人對公司的營運問題提出解決方案。瓊安在三天的公司外會議中，扮演民主式領導人，鼓勵每個人說出沮喪與抱怨。

　　第二天，瓊安要求大家專注在提出解決方案，也就是每個人提出三個方案，說明公司目前必須做的

事。瓊安匯整所有的建議之後，有關公司當務之急的共識自然浮現，像是節省成本就是其中之一。當整個團隊在構思具體的行動方案時，瓊安已獲得她想尋求的向心力和支持。

在建立願景後，瓊安又轉換成權威式領導，她指派一些經理人來負責往後的每個步驟，並要求他們擔負成敗責任。比方說，這個部門持續降價，卻不見銷售量成長，顯而易見的解決方案是提高價格，但之前的營運副總裁因為猶豫不決而任由問題惡化，新任的營運副總裁則有責任調整價格，以解決問題。

在接下來幾個月中，瓊安基本上採取權威式領導。她不斷向整個團隊闡述新的願景，並提醒每位成員，他們的工作對達成這些目標有多重要。而在計畫開始執行之後的頭幾個星期，瓊安認為這次危機的急迫性，讓她在某些人有虧職守時，可以名正言順地採用高壓式領導。正如她所說：「我必須很殘酷地執行後續行動，並確定一切照計畫進行，大家必須有紀律和焦點。」

結果，企業風氣在每方面都獲得改善。每個人都在創新，大家都在談論部門的新願景，並興高采烈地述說他們致力追求公司全新而清楚的目標。瓊安靈活

的領導風格，最後得到白紙黑字的證明，七個月後，
她領導的部門獲利比年度目標高出五百萬美元。

擴展你的領導技能

當然，很少有領導人同時熟悉六種領導風格，而
更少人知道何時及如何運用這些領導風格。當我們告
訴許多組織我們的研究發現時，最常見的反應就是：
「但我只會其中兩種。」或是「我不能採用所有的領
導風格，因為那不自然。」

這樣的感覺是很容易理解的，而在某些情況下，
解決方法也很簡單。領導人可以成立一個團隊，其中
有些成員具備他缺乏的領導風格。看下面這位製造副
總裁的例子，她以協調式領導，成功運作一個全球性
生產體系。她經常出差，會見各地的工廠經理，照顧
他們的緊急需求，讓他們知道，她非常重視每個人。
她負責部門的策略就是要達到極佳的效率，她委由一
位非常了解技術，而且值得信賴的助手負責執行這項
策略；至於績效標準，則由一位熟悉權威式領導的部
屬制訂。她也找來一位前導式領導風格的人加入她的
團隊，每次考察工廠時都帶著他。

而另一種做法，也是我比較推薦的方式，是領導

人應該增進自己的領導技能。要做到這一點,領導人必須先了解,自己欠缺的領導風格背後所代表的EQ要素為何,才能努力提升那些要素。

舉例來說,協調式領導人在同理心、建立關係和溝通這三項EQ要素上,有獨到之處。同理心可立即了解別人的感覺,因此協調型領導人可依員工的情緒做

領導人必須先了解,自己欠缺的領導風格
背後所代表的 EQ 要素為何,才能努力提升那些要素。

Managing
People

適當反應,因而建立和諧關係。而協調型領導人也很擅長建立新關係,他們很容易與別人建立私交,建立緊密的連結。最後,傑出的協調式領導人精於人際溝通,尤其是只說該說的話,在適當時刻展現出貼切、具象徵意味的肢體語言。

因此,如果你是前導式領導人,而希望能多使用協調式領導,就需要改善同理心,或是增進建立關係與有效溝通的技巧。

再舉一個例子，倘若一個權威式領導人想增加民主式領導這項工具，就應加強合作與溝通的能力。接下來的建議，聽起來或許過於簡化，就是改變你自己；想要提升EQ，透過練習是絕對可行的（想知道更多有關如何改善EQ，見邊欄：「增長你的EQ」）。

多一點科學，少一點藝術

領導就好比育兒一般，絕對不是精確的科學，但對領導人而言，它也不完全是難解的謎。近幾年來，有許多研究幫助父母了解遺傳、心理及行為等方面，會影響他們表現的因素。透過我們的研究，領導人也可以更了解何謂有效領導。或許更重要的是，他們也可以知道自己如何才能做到有效領導。

商業環境不斷改變，領導人必須隨時反應。經理人必須時時刻刻像專業人士一樣運用領導風格，也就是在適當的時刻，選擇適當的方法，來運用適當的領導風格。最終的收穫就是你的績效。

（吳佩玲譯自 "Leadership That Gets Results," *HBR*, March-April 2000）

Managing People

M

別指望光靠著稱讚、懲戒，
或是給獎金，就可以激勵員工；
現在，你還要讓他們的
工作變得更有趣才行。也就是說，
儘管營造了良好的工作環境，
管理也很上軌道，待遇和福利
更是不錯，還不如滿足
員工內心一直渴望的成就感。

第 二 章

給重金，不如給重任

One More Time:
How Do You
Motivate
Employees?

H
B
R

Frederick Herzberg

菲德烈・赫茲伯格

鹽湖城猶他大學的知名管理
學教授。在撰寫本文時擔任
凱斯西儲大學（Case Western
Reserve University）心理學系
系主任。他的著作包括《工作
與人的本質》（*Work and the
Nature of Man*, World, 1966）一
書。

1950、60年代，菲德烈‧赫茲伯格在研究員工的工作原動力時，發現了一個「非一體兩面」的現象：員工在工作上感到滿意與受到激勵的因素，跟造成工作不滿的因素，是截然不同的兩種類別。至今，這個現象依舊讓經理人既困惑且困擾。

問員工覺得工作不快樂的原因，他們會說：老闆很煩、薪水很低、工作環境不舒服，或是公司規定很愚蠢。如果公司無法好好處理工作環境因素，員工就會覺得難以忍受，當然會士氣低落。可是就算管理得非常好，也不會激勵員工更努力工作，或是更積極地發揮聰明智慧。反倒是一些有趣的工作、挑戰和責任加重，才能激勵員工。這些內在因素，滿足了人們內心深處對成長和成就的渴望。

赫茲伯格的研究，影響了一個世代的學者和經理人，但美國企業界還是比較著重在員工的薪酬和獎勵措施，他的研究結論，似乎並未在職場上受到很大的重視。

無數的文章、書籍、演講和研討會都拚命在問：「怎樣才能激勵員工照我的意思辦事？」

動機心理學極為複雜，目前市面上充斥的許多

偏方說法，不乏受到學術界大力推薦。但憑空杜撰的多，足以採信的仍然很少。本文的質疑，並不會減損這些偏方受到的熱愛，但文中闡述的理念，確實已在許多企業和機構試驗過，（但願）有助於導正前述偏方凌駕知識的現象。

「激勵」震撼教育

我針對這個問題演講時發現，產業界往往急於找到可以快速解決問題的務實解答，所以我要直接切入正題，說明激勵人心的實際做法。

有什麼最簡單、最保險、最直接的辦法可以叫別人做事？是對他直接提出要求嗎？如果對方說他不想做，你是要透過心理諮詢，了解他為何如此頑固，還是直接交代對方去做？如果對方的反應顯示他根本聽不懂你在說什麼，你可能要請溝通專家來解圍。還是該提供金錢上的獎勵，以激勵對方照辦呢？我想大家都很清楚，設立和管理獎勵制度有多複雜跟困難。如果要以示範說服對方，那表示你得花大錢提供訓練。事實上，上述那些做法似乎都不恰當，我們需要找出更簡單的方法。

讀者之中如果有行動派的經理人，一定會大喊：

「踹這傢伙一腳！」這類經理人說得沒錯。要叫人去做事情，最穩當、最直接的辦法，就是「踢他一腳」，也就是所謂的KITA（kick in the pants）。

KITA有很多種形態，以下列出幾項：

震撼教育1
身體上的負面KITA

這種做法過去很常見，就是真的踢員工一腳。

> 要叫人去做事情，
> 最穩當、最直接的辦法， 就是「踢他一腳」。

不過這麼做有三大缺點：第一，不夠優雅；第二，大多數企業很重視塑造和善的形象，這樣做無異自打嘴巴；第三，這是人身攻擊，會直接刺激自律神經系統，往往造成負面反應，員工可能反過來踢你一腳。因此，公司應避免施行身體上的負面KITA。

心理學家發現，造成心理脆弱的因素實在太多

了，同時也發現可以如何操弄這些心理因素。那些不能再採用身體上負面KITA的主管，正好拿來應用。結果造成員工自尊受傷，說出「他扯我後腿」「她說這話是什麼意思？」「老闆總是找我麻煩」之類的話。這些主管用的就是下面這種手法：

震撼教育2
心理上的負面KITA

　　跟身體上的負面KITA比起來，心理上的負面KITA有幾點好處。第一，這種做法化殘酷於無形；受傷的部位在內心，外面看不見，而且不會當場流血，往往很久以後才出現後遺症。第二，這種做法會影響員工高層大腦皮質區域的抑制力量，降低他被踢之後回踢一腳的可能性。第三，人類感受得到的心理痛苦實在太多了，因此運用這種KITA的方式和著力點就增加了好幾倍。第四，運用心理傷害做法的人，可以不必親自出面做這件齷齪事，而是透過制度就可達到目的。第五，做這種事的人不喜歡弄得滿手血腥，卻可感到很滿足（自認高人一等）。最後一點，如果員工真的提出申訴，只要說那些員工太神經質就好了，反正也沒有任何實際攻擊的證據。

　　那麼，負面KITA究竟能達成什麼效果？如果我踢你屁股一腳（不論是身體還是心理上），誰會受到激勵？答案是我，而你會行動！負面KITA不會激勵對方，而是會讓對方行動。所以接下來要談的是正面的KITA：

震撼教育3
正面KITA

　　讓我們考慮一下激勵這件事。如果我跟你說：「幫我或幫公司把這件事辦好，我會給你報酬、獎勵、地位，幫你升官，只要是企業界有的獎賞，我都可以給你！」我有沒有激勵到你？我問過許多擔任主管的人士，得到的答案幾乎都是，「沒錯，這就是激勵。」

　　我有一隻一歲大的德國剛毛獵犬，牠還很小的時候，如果要牠動，只要踢牠屁股一下就可以了。但在牠完成服從訓練後，我如果要牠做什麼動作，就要拿塊狗餅乾在牠面前晃一晃。在這個例子裡，受到激勵的是我還是狗？狗要的是那塊狗餅乾，可是要牠行動的卻是我。我才是受到激勵的那一方，而狗是做出動作的那一方。我採取正面KITA，是一種拉的力量，而

不是推。如果企業界想要利用這種正面KITA讓員工動
起來，可以運用的「狗餅乾」數量和種類實在不計其
數。

這些「激勵」有效？

KITA為什麼不等於激勵？如果我踢我的狗一腳
（不管是踢正面，還是踢屁股），牠都會動。我如果
要牠再動一下，要怎麼辦？答案是再踢牠一腳。同樣
的，我可以幫員工充電，然後一再補充電力。可是員
工必須能夠自己產生力量，才代表激勵產生效果。激
勵是要讓他們自動自發地願意去做事，不需要外在的
刺激。

釐清這個觀念後，我們來檢視幾個試圖「激勵」
員工的正面KITA。

迷思1：減少工作時數

讓員工不必上班，這號稱是激勵員工的神奇方
法！過去五、六十年來，我們（正式和非正式地）不
斷減少上班時數，彷彿是以「週末長達六天半」為目
標。一個有趣的變通辦法是，推行非上班時間的休閒
活動，以為這麼一來，大家一起玩樂，工作時也可以

合作愉快。但其實，衝勁十足的人會想要增加工作時數，而不是減少。

迷思2：不斷加薪

這會激勵員工嗎？會，會激勵他們繼續爭取加薪。有些守舊的人至今仍然主張，員工要得到教訓，

> 員工必須能夠自己產生力量，我們才能
> 開始談激勵的效果。激勵 是要讓他們自動自發
> 願意去做事，不需要外在的刺激。

才會奮發努力。他們覺得如果加薪沒效的話，減薪說不定會有效。

迷思3：額外福利

產業界致力提供終身照顧的福利，就算是最注重福利的福利國家也無法望其項背。

我知道有家公司，長期以來，幾乎每個月都非正式地提供一些額外福利。美國花在額外福利支出的成

本，大約已經占薪資成本的25％，卻還在呼籲要多多激勵士氣。

減少工時、加薪、提升工作保障已經是大勢所趨，這些福利不再是獎勵，而成為既有權利。一週工作六天是不人道的待遇，一天工作十小時則是剝削勞工；廣泛的醫療保障是基本權益，股票選擇權則是美國企業界激勵員工的最後手段。除非公司不斷提高福利，否則員工會覺得公司在開倒車。

產業界直到體認永遠滿足不了員工對金錢和減少工作的要求之後，才開始聽取一些行為科學家的意見。這些學者批評管理階層不知道怎樣對待員工，不過他們的出發點比較偏向尊重人性的傳統角度，而非科學研究的觀點。因此，企業界很容易就開始採用下面那種KITA。

迷思4：訓練人際關係

過去三十多年來，有許多課程傳授出心理層面管理人事的方法，企業界採納後，結果只是冒出許多所費不貲的人際關係訓練課程。

到頭來，員工需求依然一再提高，而人們還是為同樣的問題所苦：「到底要怎麼激勵員工？」三十

年前，公司要求員工不要隨地吐痰時，必須加上一個「請」字。如今同樣的要求，卻必須加上三個「請」字，員工才會覺得上司態度合宜。

由於人際關係的訓練無法激勵人心，人們於是認為，上司或管理階層在運用人際關係準則時，心態並

> 人事管理的目標應該是，設計最
> 適當的獎勵制度，以及特別打造的工作環境，
> 以便發揮員工最大的效率。

H
B
Managing
People

R

不正確。因此企業界展開更高一層的KITA人際關係訓練，也就是敏感度訓練。

迷思5：敏感度訓練

你真的、真的了解自己嗎？你真的、真的、真的信賴別人嗎？你真的、真的、真的、真的會合作嗎？濫用這種敏感度訓練的機會主義者，總是把這類訓練的失敗歸咎於未能確實……（共五個「確實」）進行適合的相關課程。

人事主管體認到，不論是從經濟或人際關係出發的KITA，都只能帶來短暫的滿足和收穫，於是認定問題並非出在自己的做法，而是在於員工無法體會那些做法的用意；因此他們又轉向「溝通」的領域，也就是有「科學」依據的KITA新領域。

迷思6：溝通

溝通學教授受邀講授管理訓練課程，並協助員工了解管理階層為他們做了些什麼。公司的內部期刊、簡報、主管指示等，在在都強調溝通的重要性，並且用各種方式來宣傳，甚至出現國際性的產業編輯協會。但這些做法都未如預期般產生激勵效果。人們認為，主管顯然沒有仔細傾聽員工的意見，於是又出現了下面那一種KITA：

迷思7：雙向溝通

管理階層要求調查員工士氣如何、鼓勵員工提出建議，並成立小組參與推動。結果主管和員工比過去更積極地溝通、傾聽，可是激勵士氣的效果依然有限。

行為科學家開始檢討他們的概念和數據資料，並

進一步強調人際關係的重要性。有些心理學家的報告中提到所謂的「更高階需求」（higher order need），似乎有些道理。他們指出，大家都希望自我實現。可惜這些心理學家把「實現」與人際關係混爲一談，產生了另一重新的KITA。

迷思8：工作參與

「工作參與」的做法通常就是「賦予員工宏觀全貌」，只不過原本的目的並非如此。譬如，如果在生產線上有某個人，每天用扳手拴緊一萬個螺帽，公司就跟他說他是在製造雪佛蘭汽車（Chevrolet）。另外一個辦法則是讓員工「覺得」擁有工作自主權。這是爲了營造成就感，而非工作上的實質成就。當然，要完成任務才會有眞正的成就。

但「工作參與」還是無法激勵士氣。這下子公司認定員工一定是病了，於是產生了下面那種KITA。

迷思9：員工諮詢

最早有系統地運用這種KITA的是西方電氣公司（Western Electric Company）。

1930年代初期，西方電氣進行「霍桑研究」

（Hawthorne experiment），結果發現，員工會暫時擱置不理性的感受，以免妨礙工廠正常運作。透過諮商，員工總算說出困擾自己的問題，卸下心中重擔。當時的諮商技巧還很粗略，但那個計畫已具有相當規模。

第二次世界大戰期間，諮商的做法出了問題，因為諮商人員忘了本身應該扮演善意傾聽者的角色，反而試圖解決員工在諮商時提出的問題，結果干預到公司運作。

不過，心理諮商終究安然度過這段期間的負面衝擊，目前又開始風行，而且技巧更為精進。可惜的是，這類計畫就跟其他計畫一樣，似乎還是無法真正發揮激勵員工的功效。

各種KITA似乎只能產生短期效果，所以這類計畫的成本必定會逐漸增加，而且舊有正面KITA成效令人滿意時，新形態的KITA也會陸續出現。

滿意的反面不是不滿

讓我換個方式，提出這個一問再問的問題：要怎樣做，才能讓員工自動自發？首先，我要說明有關工作態度的「激勵保健理論」（motivation-hygiene theory），才能提出理論和實務上的建議。

當初我研究工程師和會計師的生活與工作，結果
創造了激勵保健理論。在那之後，學界至少又進行了
16項類似的研究，研究對象各不相同（其中有些甚至
是共產國家的人）。激勵保健理論逐漸成為工作態度
領域最常被研究的理論之一。

從這些研究和其他許多不同方法的調查，都可以
看出，讓員工對工作感到滿意（受到激勵）的要素，和
讓員工不滿的要素完全不同（見表1，接下來也會有更
詳盡的說明）。既然兩者考量的因素不同，就表示這
兩種感受不是正反兩面：對工作滿意的相反，並非對
工作不滿，而是「並未」對工作滿意；同樣的道理，對
工作不滿的相反也不是對工作滿意，而是「並未」對工
作不滿。

在陳述這個概念時，會產生語意上的問題，因為
我們通常以為「滿意」和「不滿」是相反的：沒有感
到滿意就是不滿，反之亦然。不過，談到人們在職場
上的行為時，用字遣詞必須很嚴謹，而不只是玩弄文
字遊戲。

這裡牽涉到人類兩種不同的需求。第一種源於
人類的動物本能，也就是規避環境帶來痛苦的內在驅
動力，以及受基本生物需求制約、後天學到的所有驅

表1 工作態度影響要素大調查

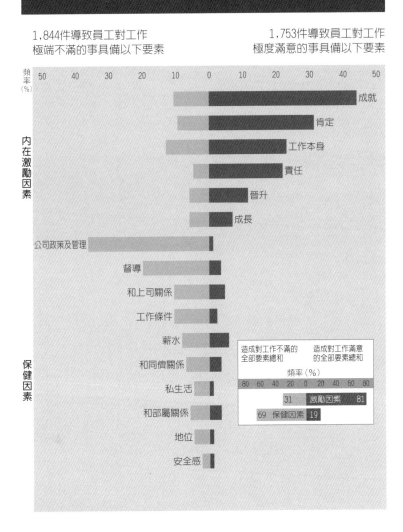

1,844件導致員工對工作極端不滿的事具備以下要素

1,753件導致員工對工作極度滿意的事具備以下要素

動力。譬如飢餓就是一種基本的生物驅動力，促使人們努力賺錢；因此，金錢也成為一種驅動力。另外一組需求則和人類一項獨有的特性有關：創造成就的能力。有了成就更可以促成心理上的成長。

因此，有助於促進成長的工作（一般指工作的內

工作豐富化，讓員工有機會獲得心理成長，
而工作擴大化只是讓工作結構擴大而已。

Managing
People

容），可以刺激人們對成長的需求。相對的，工作環境中的一些因素也會引發人們規避痛苦的行為。

工作中的成長或激勵因素，包括成就、隨成就而來的肯定、工作本身、責任，以及成長或晉升。規避不滿意或保健（KITA）因素則多半與工作本身無關，而與工作環境有關，包括公司政策和管理、督導、人際關係、工作條件、薪水、地位和安全感。

表1顯示員工對工作滿意和不滿的要素，那是12

項調查共研究了1,685位員工之後得到的結果。這項研究結果顯示，激勵因素是讓員工對工作滿意的主要原因，保健因素則是讓他們對工作不滿的主要原因。這12項調查研究的對象，包括低階主管、女性專業人員、農業官員等等，涵蓋不同年資、地域、行業、職階。

　　研究人員詢問受訪者，職場上有哪些事件讓他們對本身工作極度滿意或極度不滿；然後將他們的回覆分為「正面」及「負面」事件，並列出所占的百分比（「保健」及「激勵」兩類事件的總和都超過百分之百，因為單一事件往往可以歸類為至少兩個因素，例如，晉升後責任往往就加重了）。

　　舉例來說，屬於「成就」要素的事件當中，有一些會對員工滿意度造成負面影響，典型的例子就是「我不快樂，因為我沒有把工作做好」。在「公司政策及管理」要素裡，有助於提高員工滿意度的事件不多，典型的例子就是「我很開心，因為這個單位改組之後，我就不必再向那個跟我處不來的傢伙報告了。」

　　如表1右下角所示，工作滿意因素中有81%是激勵因素。而造成員工對工作不滿的所有因素中，有

69％和保健因素有關。

人事管理鐵三角

人事管理的理念，大致有三類，各自的理論基礎都不同：第一類以組織理論為基礎，第二類和第三類分別以工業工程、行為科學為基礎。

組織理論學者相信，人類的需求極不理性，或差異很大，而且會隨情況調整，所以人事管理的主要功能在於，盡量配合情況而務實管理。如果工作安排妥善，就會產生最有效率的工作結構，員工也會有最理想的工作態度。

工業工程專家則主張，人類是機械性的，而且會受到經濟因素的激勵；此外，最有效率的工作流程，最能滿足人類的需求。因此，人事管理的目標應該是，設計最適當的獎勵制度，以及特別為員工打造工作環境，好讓員工發揮最大的效率。工作的安排與組織方式，如果能讓作業最有效率，就會產生最理想的工作組織，和合宜的工作態度。

行為理論學者的重點則在於，團體的情緒、個別員工的態度，以及組織的社會和心理氣氛。這派說法強調至少需要一種保健和激勵因素。這派主張的人

表2 垂直工作負荷

原則	相關激勵因素
A.減少一些管制，但維持其責任	責任與個人成就
B.增加個人對本身工作的責任	責任與肯定
C.賦予個人完整的工作單位（小組、部門、領域等）	責任、成就及肯定
D.額外給予員工在工作上的自主性；工作自由	責任、成就及肯定
E.將定期工作報告直接提供給員工本人，而不是上司	內部的肯定
F.交辦以前未曾處理、更困難的新任務	成長與學習
G.指派個人負責特定或專門的任務，讓他們成為專家	責任、成長及晉升

事管理方式，通常強調某種形態的人際關係教育，希望灌輸員工健全的態度，以及合乎人類價值的組織風氣。他們深信合宜的工作態度，必能創造有效率的工

作和組織結構。

組織理論學者和工業工程專家主張的方式整體效益如何，常引起熱烈辯論。兩派顯然都有相當的成果，可是，行為理論學者揮之不去的問題是：公司終究會因為人的問題付出什麼代價，例如，人員流動、曠職、犯錯、違反安全規則、罷工、產出受限、加薪、更優渥的福利？另一方面，行為理論學者發現，使用他們的方法效果不彰，並沒有很明確地改善人事管理。

激勵保健理論主張，工作變得更豐富，可以讓員工好好發揮能力。

這種運用激勵因素有系統地激勵員工的做法方興未艾，我們可以用「工作豐富化」（job enrichment）這個詞，來形容這個新興的潮流。

現在，應該避免用工作擴大化（job enlargement）這個舊詞，以往人們就是因為這個舊詞而誤解問題根源，導致失敗。工作豐富化，讓員工有機會獲得心理成長，而工作擴大化只是讓工作結構擴大而已。由於科學化的工作豐富化還非常新穎，本文只根據產業界近期幾個試驗成功的案例，探討其中的原則和實際步驟。

工作只是負荷？

管理階層試圖讓某些工作變得更豐富，卻往往會減少員工個人的貢獻，而不是讓員工有機會在自己熟悉的工作中成長。

我稱為這種做法是「水平工作負荷」（另外一種做法是「垂直工作負荷」，也就是提供激勵因素）：先前工作擴大計畫的問題，就在於採取「水平工作負荷」的做法，這只會使工作更加無意義。以下就是一些相關案例：

- 要求員工提高預定的產量。如果每人原本一天可扭緊一萬個螺栓，那就看看可否提高到一天兩萬個螺栓。若要用算式來說明這種做法，就是零乘以零仍是零。

- 在現有工作之外，增加一項無意義的工作，通常是例行事務。若要用算式來說明這種做法，就是零加零等於零。

- 輪流指派員工擔任一些需要豐富化的工作，例如有時洗盤子，有時洗銀器。若要用算式來說明這種做法，就是用一個零取代另一個零。

- 除去任務中最困難的部分，讓員工有餘力完成

更多挑戰性較低的任務。這項傳統的工業工程方法，原本是想提高工作成效，結果卻降低成效。

在工作豐富化的初步腦力激盪會議中，經常有人提出上述那些水平負荷的做法。

目前，垂直工作負荷的原則尚未完全確立，仍然非常籠統，我在表2提供七項實用的基本原則供大家參考，希望能拋磚引玉。

豐富化提升工作效能

有個工作豐富化的實驗進行得十分成功，這項案例可以說明水平和垂直工作負荷的區別。這項研究的對象是某大企業聘用的股東聯絡人。他們都經過公司精挑細選，並受過嚴格訓練，負責的工作很複雜、很有挑戰性。可是他們在績效和工作態度的各項指標上，分數幾乎都很低，而且根據員工在離職面談時的說法，這份工作的挑戰性只是表面文章而已。

於是公司決定進行實驗，選出一個小組作為實驗達成組（achieving unit），根據表2所列原則來豐富他們的工作內容。有一個對照組（control group）持續用原來的方式工作。公司另外組成兩個「自

表3 員工績效大躍進

表3顯示實驗前和實驗當中績效變化的情形。表中記錄了實驗開始之前在2、3月份的績效，以及實驗期間每月月底的績效。股東服務指數，代表的是信函的品質，包括資訊正確性，以及回應股東詢問信的速度。當月指數會和先前兩個月的平均值進行平均，所以如果先前兩個月的平均值偏低，就比較不易看出改善情形。在這六個月實驗期展開前，「達成組」成員的表現比較差，在我們導入激勵因素之後，他們的績效服務指數仍持續下滑，顯然是因為他們對新職的責任有不確定感。不過到了第三個月，績效開始揚升，不久後，達成組成員就表現優異。

三個月的累積平均數

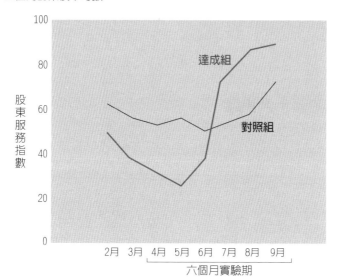

由」（uncommitted）組，衡量所謂的「霍桑效應」
（Hawthorne effect），也就是想知道，員工在從事某些
新工作或不同的工作時，會不會只因覺得公司比較注
意他們，生產力和工作態度就有所改變。這兩個自由
組的實驗結果和對照組的實驗結果雷同，為了簡單起
見，我先不談這個部分。除了本來就會改變的保健因
素外（例如正常的加薪），任何一組的保健因素都沒有
變化。

在實驗的頭兩個月當中，我們在達成組裡導入一
些變化，表2所列的七項激勵因素中，平均每星期出
現一項。經過六個月之後，達成組成員的表現超越對
照組的同儕，而且對本身工作的喜愛也大幅提升。此
外，達成組的曠職率較低，因此晉升率也高得多。

主管十大步驟

談過實際的激勵因素後，現在看看主管對員工運
用這些原則時，應該採取什麼步驟：

一、選擇具備下列條件的工作：不會因為工業
工程的投資太大，造成改變的代價太高；員工態度不
佳；保健因素耗費的成本愈來愈高；激勵做法可以改
善員工績效。

二、相信這些工作是可以改變的。許多主管拘泥於多年來的傳統，以為工作內容絕不能改，他們唯一能做的就是好好督促員工。

三、大家運用腦力激盪，想出一份可以讓工作豐富化的清單，不要在乎是否實用。

四、過濾清單，把涉及保健因素的建議刪除，只保留真正能激勵員工的做法。

五、過濾清單，刪除籠統的陳述，例如「賦予他們更多責任」，這種建議很少落實。雖然這一點似乎理所當然，但產業界還是很盛行激勵性的話語，卻忽略了實質的內涵。責任、成長、成就和挑戰之類的詞，幾乎成為各家企業的「國歌」歌詞，這就好像是說，對國旗效忠比對國家作出實質貢獻還重要，也就是一味講求形式，而不重實質。

六、過濾清單，刪除所有水平工作負荷的建議。

七、避免讓工作即將被豐富化的員工直接參與。他們先前表達的想法，可以當做寶貴的改革建議，但是如果讓他們直接參與工作豐富化的過程，會引進一些人際關係的「保健」因素，結果破壞了這個過程。而且，他們若是直接參與，只不過是讓他們「覺得」自己有貢獻而已，但其實並沒有實質的貢獻。工作必

須要作改變，但真正會產生激勵作用的是工作內容的變化，而不是訂定新工作內容過程中的挑戰和參與感。這個過程很快就會結束，結束之後員工如何進行新工作，才是決定是否有激勵作用的關鍵。參與感只會產生短期效果。

八、在進行工作豐富化的初期階段，要進行有對照組的實驗。選出至少兩個規模相當的小組，其中一個是實驗組，必須在一段期間內有系統地導入激勵因素；另一個是不導入任何變化的對照組。在整個實驗期間，兩個小組中的保健因素都應順其自然。在實施工作豐富化計畫之前和之後，都應該評估員工的績效和工作態度，才能了解這項計畫的效果。在評估工作態度時，僅限於評估激勵項目，以便將員工對本身工作的看法，和他們對周遭保健因素的感受做區隔。

九、實驗組在前幾週的績效會下滑，對此要有心理準備。因為工作改變可能導致員工績效暫時滑落。

十、對於你所作的改變，第一線主管可能會感到焦慮和出現敵意。感到焦慮，是因為他們擔心這些變化會造成小組績效變差。至於敵意，則是因為部屬開始分攤主管的責任，主管擔心一旦交出查核的責任，自己就可能被架空。

表4 工作態度大轉變

表4顯示這兩組人對工作的態度（3月底時評量，當時尚未推出第一項激勵因素，9月底又再進行一次評量）。股東聯絡人要回答16個問題，全都跟激勵有關。例如，「在你看來，這份工作讓你可以真正有所貢獻的機會有多少？」他們必須選擇一到五分作答，總分最高為80分。達成組的工作態度變得比較正面，對照組成員的工作態度則大致維持不變（下降情形並不明顯）。

六個月實驗期在開始和結束時的平均分數

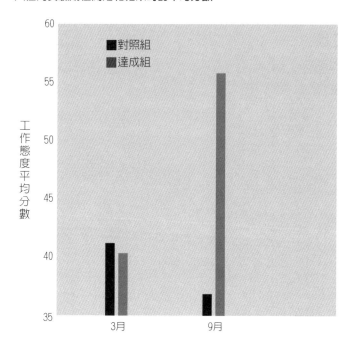

表5 水平負荷vs.垂直負荷

怎樣調整這些股東聯絡人的工作？表5列出屬於水平負荷的
建議，以及達成組在工作上實際出現的垂直負荷變化。在
「垂直負荷」後面、「原則」那一欄的大寫字母，可以對應到
表2所列的字母。讀者應會發現，遭排除的水平負荷做法，
很近似我先前所提的那些只會使工作更加無意義的做法。

遭排除的水平負荷建議

公司可以規定每天要回覆多少信件，設定一個很難達成的回覆
率。

祕書可以自己擬稿、繕打這些信件，或處理其他庶務性的工
作。

所有困難或複雜的詢問信件都交給少數幾位祕書處理，好讓其
他祕書達成高績效。
不時輪調這些工作。

祕書可以在各單位間輪調，服務不同的顧客，然後再回到原單
位。

獲採納的垂直負荷建議	原則（參考表2）
各單位可先指派內部成員擔任各個主題的專家，對其他成員提供建議，之後再尋求主管協助（過去一直是由主管負責回覆所有專業和困難的問題）。	G

接上頁

股東聯絡人在信件上簽署自己的姓名（過去都是由主管簽署所有的信件）。	B
有經驗的股東聯絡人比較不需要主管審核他們發出的信件，他們可以自行處理完畢，需要主管核可的信件從百分之百降到10%（以往聯絡人發出的所有信件都需要主管核可）。	A
會討論生產力，但只會說「預期全天的工作量有多少」之類的話。但經過一段時間之後，不會再有人提起這種事。（以往不斷有人提醒這個小組，有多少信件要回覆）。	D
要寄出的信件直接送到郵件室，無須經過主管辦公桌（以往這些信件一定會經過主管之手）。	A
公司鼓勵股東聯絡人以比較私人的口吻回覆信件（以往的標準做法是採用固定格式回信）。	C
每個聯絡人對於信件的品質和正確性都得負責(以往是由主管和查核人員負責)。	B, E

不過在實驗成功後，主管通常會注意到，他們過去忽略了督導或管理的工作，或者是因爲他們以往全心查核部屬，所以從未負起過管理的工作。

例如在某大化學公司研發部門，實驗室助理的主管，照理說應該負責助理的訓練和績效評量，可是這些工作卻淪爲虛應故事的例行公事。在工作豐富化計畫進行期間，主管不只消極地觀察助理的表現，更要實際花時間評估他們的表現，並提供他們詳盡的訓練。

光是教育主管改變他們工作方式，並無法落實以員工爲中心的督導方式，而是應該要去改變主管的工作內容。

善用員工

工作豐富化不是一勞永逸的活動，而是需要持之以恆的管理工作。初期所作的改變應該要維持很長的時間，原因如下：

■ 經過改變後，工作的挑戰性應該提升，以符合員工具備的技能。

■ 如果改變後，員工能力仍高於工作需求，他就會有更好的表現，並能獲得晉升。

■ 與保健因素相較，激勵因素更會對員工的態度
造成長期影響。就算經過一段時間之後，可能
又有需要進行工作豐富化，但激勵因素的效期
的確較長。

並非所有的工作都可以豐富化，也不是所有的工
作都需要豐富化。不過，如果公司能把目前投入保健
因素的時間和金錢，挪用一小部分來進行工作豐富化
計畫，就能在員工滿意度和經濟利益方面獲得很大的
回收，這是企業界和整個社會在改善人事管理上的一
大收穫。

總結來說，工作豐富化的道理很簡單：如果某個
工作需要由員工來執行，就善用他們；如果無法善用
員工來執行那個工作，就別再用他們，你可以改採自
動化，或者雇用能力較差的人來執行。如果既無法善
用他們，也無法擺脫他們，那你就有激勵方面的麻煩
了。

（胡瑋珊譯自 "One More Time: How Do You Motivate
Employees?" *HBR*, January 2003）

Managing People

員工的表現深受主管的影響，做得好時，
主管的讚賞會鼓舞員工創造更好的績效；
然而，當員工犯錯時，主管常
不由自主的加強控管，表現出不信任，
員工因此信心大減，甚至喪失獲取
成就的動力。要化解此種「失敗症候群」，
首先，主管必須能察覺它的存在，
接著，主管與部屬必須進行坦誠的交談，
最後共同解除此症候群。

第 三 章

導致員工
失敗症候群

The Set-Up-
to-Fail
Syndrome

尚 - 弗杭索瓦 ・ 曼佐尼

Jean-François Manzoni

歐洲工商管理學院（INSEAD）
教授。他曾三次榮獲歐洲商
學院 MBA 課程所頒發的傑出
教師講。

尚 - 路易 ・ 巴梭

Jean-Louis Barsoux

歐洲工商管理學院的研究員，
專攻組織行為的議題，特別
是跨文化的議題。

當員工失敗，或甚至只是表現欠佳時，主管一般不會自責。而且主管或許會說，是因為員工不了解工作，所以做不好。或者會說，是員工沒有成功的動機，不懂得如何安排工作優先順序，或者不聽從指示，所以做不好。無論原因為何，他們都會認為問題是員工的錯，都應由員工負責。

但實情是否如此？當然，有些時候，情況確實如此。有些員工由於缺乏知識、技巧、或由於根本沒有工作意願，無法完成交付給他們的任務，而且也永遠無法完成任務。但有時，我們可大膽地說，員工表現不佳，主要應歸咎於他們的主管。

或許用「歸咎」這樣的字眼太強烈些，但使用這個字眼在方向上是正確的。事實上，我們的研究強烈顯示，員工之所以無法取得成功，身為主管者往往是共謀，雖說主管犯下這樣的過錯或許只是出於無意，而且經常都是出於善意。（請參閱本章篇末附錄「研究說明」一文）主管怎麼會造成此種後果？因為他們造成並強化一種動力，它會導致自認為表現不佳的員工走向失敗。比馬龍效應（Pygmalion effect）指的是，個別員工因獲主管高度期待而力求表現、希望滿足主

管期待的動力；而導致失敗症候群說明的，則正是一種相反的動力。在導致失敗症候群描述的此種動力中，遭主管視為表現乏善可陳或差勁的員工，會愈做愈差，以符合主管對他們的低度期待。最後這些員工通常都會離開這個組織。或者自動辭職、或者是被迫離職。

此種症候群在一開始通常極不明顯。造成的原因或許與表現有關，例如員工失去一位客戶，或沒有達到一項目標，或未能在限期內達成任務。但促成這樣症候群的原因往往不很明確。一位員工奉調到一個新部門，而他原先的主管在推薦信中並沒有稱讚他的能力。也或者這位員工與他的主管私底下並不很合得來。若干研究確實顯示，主管與部屬之間是否能和諧相處，取決於態度、價值觀或社會特徵的相似程序；而雙方是否合得來，會對主管的印象產生很大的影響。無論屬於何種情況，當主管開始擔心某位員工的表現達不到標準時，導致失敗症候群就開始作用了。

部屬在他心目中表現不佳，主管於是採取他認為理所當然的必要行動：他開始增加對該部屬的注意力，把更多時間花在該部屬身上。他規定部屬在做決定以前，必須先獲得批准；他要部屬提供有關這些決

定的更多佐證文件；也或者他會在會議中更加密切注
意該部屬，對該部屬的發言進行更嚴厲的批判。

　　這些行動用意在促使該部屬提升表現，並且防
止後者再度犯錯。但不幸的是，身為部屬者通常都將
主管此種緊迫監督的做法，視為缺乏信任與信心的表
現。經過一段時間以後，由於主管的低度期待，部屬
也對自己的想法與能力產生懷疑，他們逐漸喪失做出

> 那種似乎永遠如影隨形的嚴密監督，才會讓
> 部屬難以忍受。

自主決定的動機，逐漸無意於採取任何行動。他們會
認為，反正無論做什麼，主管都會心存懷疑，或者最
後還會親自動手。

　　非常諷刺地，在主管看來，部屬的無意進取，
正證明他的確是無可救藥了。再怎麼說，部屬畢竟對
組織毫無貢獻。此時主管會怎麼做？他再次增加對部
屬的壓力與監督──他注意、質疑，並且反覆檢查部

屬所做的一切。最後，這位部屬完全放棄認真工作、
作出有意義貢獻的夢想。主管與部屬之間往往發展出
一種例常性的關係形態，此種關係雖然稱不上真正令
人滿意，但除了間歇性的衝突以外，對雙方而言都還
可以忍受。在最嚴重的情況下，主管的密集干預與檢
查，最後會使員工動彈不得，無法有任何作為，同時
讓主管累得精疲力竭，於是員工或者請辭、或者遭解
雇。（見表1：「導致失敗症候群：無意造成傷害——
每下愈況的關係螺旋」）

　　導致失敗症候群最可怕之處，或許是它具有自然
形成與自我強化的威力；在本質上是一典型的惡性循
環。此種過程所以會自然形成，是因為當主管認定較
差的員工會有哪類行為時，主管的行動恰會促成員工
的那類行為。而這種惡性循環還會不斷加強，是因為
部屬果然符合了主管的低期待之後，就會促使主管加
強採取原有的行為，而這一點又會促使部屬加強本身
原有的行為。雙方的行為就這樣不經意地不斷反覆，
雙方關係益趨惡化。

　　這裡我們要舉史帝夫的案例加以說明。史帝夫
在一家名列《財星》雜誌一百大企業擔任生產領班。
當我們初遇史帝夫時，他是一位非常有進取心、非常

努力而且鬥志高昂的員工。他的作業表現總是名列前茅，無論是發掘問題或者解答問題，他都以迅速著稱。主管對他深具信心，給予他極高的評價。由於表現優異，史帝夫獲選成為一個新生產線的負責人，而且工廠當局認為這條新生產線對工廠前途極為重要。

史帝夫新職的頂頭上司是傑夫，傑夫剛升任為這座工廠的高階主管。在兩人成為上司和部屬關係的最初數週，傑夫不時會要史帝夫就一些重大的品管問題擬出短篇分析報告。儘管傑夫當時並沒有向史帝夫清楚解釋，但他這樣做有兩大目的：一是要找出一些資訊，以協助兩人都能更加了解新的製程，一是要協助史帝夫養成習慣，對品管問題進行有系統的基本成因分析。此外，由於自己也是新上任不久，傑夫希望向他本身的上司證明他有能力掌控情勢。

史帝夫因為不了解傑夫的動機，感到很懊惱。他認為，既然原本他就了解這些問題，而且他本人也負責監控著這些問題，為什麼傑夫還要他就有關資訊提出報告？一方面由於時間不足，一方面也因為認為遭到上司干預而心存不滿，史帝夫並沒有認真撰寫這些報告。報告遲交與內容貧乏開始使傑夫不快，傑夫開始疑心史帝夫其實不是一位積極進取的經理。當再

表1：導致失敗症候群

無意造成傷害——每下愈況的關係螺旋

1、在導致失敗症候群開始以前，主管與部屬通常都維持著一種正面，或至少是中性的關係。

2、引發導致失敗症候群的導火線，一般都是輕微或不明顯的事件。部屬或者沒有在限期內完成任務，或者失去一位客戶，或者提出的業績報告不符合要求。在其他一些個案中，引發此種症候群的人是主管，這位主管或因私人原因，或因其他與績效無關的社會因素而疏離部屬。

3、在導火線引發以後，主管增強對部屬的監督，對部屬做出更明確的指示，並且在行動過程中對部屬的斥責愈來愈猛。

4、部屬於是懷疑主管對他缺乏信心，並且意識到自己已經不再是主管器重的核心份子。他開始在情緒上疏離主管、疏離工作。他或許也會起而抗爭以扭轉主管對他的印象，但這樣的抗爭或由於過

分強烈，或由於進行的速度太快，終於無法收效。

5、主管認為，部屬表現的隱瞞問題、過份誇張或過份猶豫，適足以證明部屬的差勁判斷力與缺乏能力。即使部屬真的有很好的表現，主管或者視而不見，或者認為這只是「碰巧」而已。他於是限制部屬的自由裁量權限，私下很少與部屬往來，並且以愈來愈公開的方式，表明他對該部屬缺乏信心與失望。

6、部屬感到自己陷於孤立，感到自己未獲得應有的重視。他愈來愈疏離主管與工作。他甚至有意不理會指示，公然與主管爭執，不時還會因遭到駁斥而怒罵主管。大體來說，他會機械性地執行工作，把更多精力花在自我保護上。此外，他會把所

次要求史帝夫撰寫報告時，傑夫的態度變得比過去嚴屬。看在史帝夫眼裡，傑夫此舉只證實了不信任他。史帝夫於是愈來愈疏離傑夫，對於傑夫的要求也愈來愈報以消極抵抗的態度。沒有多久，傑夫已經深信史帝夫效率不足、沒有獨力完成任務的能力。他開始監

有非例常性的決定，都留待主管來做，或者儘量迴避主管。

7、主管愈來愈沮喪，於是覺得除非採取密集、嚴厲的監督手段，否則這位部屬無法有任何表現。他用言行反映出這種心態，結果更使部屬信心受創並且無心於表現。

8、當導致失敗症候群的威力發揮到極致時，主管在互動過程中不斷向部屬施壓、設法控制部屬。也或者，主管會避免接觸該部屬，僅交付他一些例行性的任務。最後，這位部屬或者因失望、沮喪，或者因憤怒，而將自己封閉或離職。

督史帝夫的每一項行動，可以預見，史帝夫當然因而心灰意冷。一年以前懷抱熱情接掌這項新職的史帝夫，現在失望得考慮辭職。

主管應如何打破此種導致失敗症候群的惡性循環？在答覆這個問題以前，我們且先對導致此種症候

群發作,並持續發威的動力,做進一步的檢視。

破解症候群

前文已述,導致失敗症候群通常都是在不知不覺的情況下發生。也就是說,通常,主管與部屬都不會察覺發生了這種情況,直到有一天雙方突然發覺關係惡化時,已經蒙受其害。不過,主管似乎都會對表現較差的部屬有若干假設,而這些假設正是症候群的根本成因。事實上,我們的研究顯示,主管往往使用以下說詞,將表現較差的部屬與較好的部屬做對比:

- 較缺乏動機,較沒有活力,並且較不會主動爭取工作;
- 當負責解決問題或負責主持計畫時,較為消極被動;
- 較不會積極地預先發掘問題;
- 較缺乏創意,較少提出新構想;
- 表現較差部屬的看法與策略眼光,較為狹隘;
- 表現較差部屬比較喜歡隱藏資訊,並運用自己的權威,使自己也變成部屬眼中的差勁上司。

根據這些假設,主管對待較差與較好部屬的行為大不相同,也就不足為奇。事實上,無數研究結果

已經證實，多達90％的主管，會將部分部屬視為核心群體成員而另眼相待，同時將其他部屬視為圈外人。屬於核心群體的成員在主管心目中，是值得信賴的同事，因此能獲得較大自主權、較多回饋意見，主管也會對他們表示信心。對於這個群體而言，主管與部屬的關係是互信、相互影響的關係。另一方面，屬於圈外群體的成員，在主管心中只不過是雇來的員工而已，主管會以較為正式、較不具私人意義的方式管理這些成員，會對他們比較強調規則、政策與權威。（要進一步了解主管在對待表現較差與較好員工時有何差異，請見表2：「栽培核心群、冷落圈外人」。）

　　為什麼主管會將部屬或納入核心群體、或歸類為圈外人？這與我們將家人、朋友與任何認識的人加以區分的理由相同：為了使日子更好過。我們每個人都會對其他人貼標籤，因為這樣能使我們更有效率地運作。在解釋事情以及與他人互動的過程中，它能提供粗略而現成的指導原則，使我們可以節省時間。舉例說，經理人可以利用分類的思考，迅速決定應該指派誰何種工作。這是好的方面。

　　但分類思考的負面影響在於，它在組織中會導致不成熟的結論。當一位主管認定某位部屬能力有限、

表2：栽培核心群、冷落圈外人

主管對表現較好員工的行為	主管對表現較差員工的行為
■在與員工討論計畫目標時，不太注重計畫的執行方式。會授權員工，由員工自行選擇解決問題或達成目標的做法。	■在與員工討論任務與目標時，會做出指示。強調重點不僅是需要完成什麼，也包括應該如何完成。
■當員工表現不佳、犯錯或做出不正確的判斷時，會視之為學習機會。	■會密切注意員工表現不佳之處、所犯下的錯誤或做出的不正確判斷。
■願意接近員工，例如會對員工說「如果有我幫得上忙的地方，就告訴我」。私下會主動與員工輕鬆交談。	■只有在必須見面的情況下才願意接近員工。與員工會談的內容主要與工作有關。
■對員工的建議抱持開放的態度，與員工討論這些建議時也顯得很感興趣。	■對於員工有關如何、與為何完成工作的意見或建議，表現得興趣缺缺。
■賦予員工有趣而又具挑戰性的任務。通常都會讓員工選擇自己要做的任務。	■除了例行性任務以外，不願分派任何任務給員工。在分派任務時，很少讓員工有所選擇。對員工進行嚴密監督。
■要求員工就組織策略、執行、政策與程序發表意見。	■很少就組織或與工作有關的問題，詢問員工意見。
■在與員工意見不合時，常會聽從員工的意見。	■一旦發生異議，一般總是以自己的意見為意見。
■會讚揚員工的工作表現。	■會強調員工表現不佳之處。

欠缺工作動機時，他很可能只注意到佐證此看法的證據，而選擇性地排斥相反的證據。（例如，當一位被視為圈外人的部屬，提出一個極佳的新產品構想時，他的主管或許認為這只是碰巧運氣好、誤打誤撞而已。）若干研究顯示，主管甚至會在部屬關係只建立五天時，就做出這種劃分部屬的決定，對有些部屬而言，這實在很不幸。

上司是否知道自己正在做分類、而且對待「核心」與「圈外」兩類部屬完全不一樣？他們當然知道。事實上，經我們列為研究對象的主管人員，無論國籍、公司或個人背景有何不同，一般都非常清楚他們對表現較差的員工比較嚴厲。其中有些主管認為，他們此種做法「有支援與協助效用」。他們有許多也承認，在面對那些表現較差的員工時，會比面對表現較強的員工時，更容易失去耐性，儘管他們設法保持耐性，但還是辦不到。不過大體來說，主管都知道在面對表現較差的部屬時，他們的行為比較帶有控制意味。在他們看來，這樣做並沒有錯，他們是有意如此的。

但主管不了解的是，他們的嚴密管控會透過兩種方式而傷害部屬的工作動機，最後使部屬的表現更

差。這兩種方式分別是：剝奪部屬的職務自主權，以及讓部屬覺得自己沒有價值。嚴密的管控顯示，主管認為除非給予嚴格指導方針，否則部屬無法表現良好。當部屬察覺到主管對他的低度期待時，他的自信心會受傷害。這是一個非常嚴重的問題，因為太多的研究已經證實，員工表現的好壞會隨主管對他們的期

> 導致失敗症候群確實可以化解，
> 主管必須先質疑自己的假設才可能破解它。

待而起落，最後達到主管預期的水準，或者是達到他們對自己預期的水準（注1）。

當然，主管經常告訴我們：「你們說的有理。不過我對於與期待有關的問題非常小心。我對那些表現較差的員工，確實管控得比較嚴格，不過我都非常謹慎，不讓這些員工覺得我對他們的能力缺乏信任或信心。」我們相信這些主管對我們說的話，也就是說，我們相信這些主管確實在面對那些部屬時，努力掩藏

他們的用意。但當我們與那些部屬交談時，我們發現主管的努力絕大部分都白費了。事實上，我們的研究顯示，絕大多數員工都能「讀出老板的心思」——而且他們也眞的讀懂了。特別是，員工非常清楚自己屬於主管的核心群體、還是屬於圈外人。要知道這一點並不難，只要比較一下自己受到的待遇，與那些較獲主管器重的同事所獲得的待遇即可。

主管對表現較差部屬的假設，以及有關如何管理這類部屬的假設，說明了他如何淪爲導致失敗症候群的共謀。同樣地，部屬有關主管想法的假設，也說明他何以也與引發此種症候群脫不了關係。原因何在？當覺察到自己不爲他人贊同，而是受他人批判，或只是認爲他人對自己缺乏信心、不加重視時，人們往往會將自我封閉，這種現象會呈現出多種不同的行爲。

基本上，封閉的意義就是在智識與情感上切斷關係。部屬不再全心於工作。他們對於總是遭到駁斥已經感到厭倦，失去了爲理念而奮鬥的意志。有一位員工就這麼說：「我的上司指示我如何執行一切細節。我不願意與他爭論，只是想丟一句話給他，『行啦，只要告訴我你想要我做什麼就行，我照辦就是』，你變成了一個機器人。」另一位被主管視爲表現較差的

員工則說：「上司要我怎麼做，我就機械性地做。」

封閉也涉及個人的不相往來，主要是避免與主管有所接觸。部分原因是先前交往的經驗多半是負面的。有一位部屬承認：「我過去經常主動找我的主管，直到發現得到的都是負面回應後，我開始疏離這位主管。」

除了害怕得到負面回應以外，被視為表現較差的員工還會擔心自己的形象進一步受創。有一句陳腔濫調的格言，說的是「寧可閉上嘴像個傻瓜，也不要開口亂說話、證明你是個傻瓜」。這類員工遵守的就是這句格言。他們不願向主管求助，以免進一步暴露自己能力有限。他們還會傾向於不主動提供資訊——因為在主管心目中表現不佳的員工，即使提出一件簡單的事，也會讓主管過度反應、匆匆採取根本沒有必要的行動。有位這樣的員工就回憶說：「我當時只是想讓主管知道一件小事，只是一件與例行公事稍有不同的小事，但我才提出來，他就把我批評得體無完膚。我當時真該閉嘴才對。現在我不再亂開口了。」

最後，封閉也可能意味著採取防衛態度。許多被視為表現不佳的員工開始花更多精力替自己辯白。他們預見自己會因失敗而遭責備，於是設法趁早找藉

口。最後，他們花許多時間回顧過去，而注意眼前道
路的時間變少了。在若干案例中，例如前文所述的那
位生產領班史帝夫，此種防衛心態可能導致不服從、
甚至是有系統反抗主管的觀點。表現不佳的員工與上
司正面對抗，這種想法似乎有些不合理，但它或許能
反映艾伯特‧卡穆斯（Albert Camus）的下述名言：
「當選擇權被剝奪時，剩下唯一的自由就是說不。」

症候群的成本高昂

　　導致失敗症候群帶來兩種明顯的成本：由部屬付
出的情緒成本，以及由於公司無法使員工發揮最高潛
力而帶來的組織成本。但此外還有一些成本也值得我
們重視，其中包括若干間接、但影響深遠的成本。

　　主管在幾個方面為此種症候群付出代價。首先，
由於與心目中表現不佳的部屬關係不睦，主管往往耗
損許多情緒與精力。主管與員工雙方都知道情況不
妙，主管卻必須維持表面上的禮貌，假裝一切進行良
好，這是非常耗人心力的事。此外，無論為改善關
係，或以增加監督的做法試圖強化員工表現，主管都
必須耗用極大的精力，因而無法參與其他活動。這種
狀況經常使主管氣餒，甚至發怒。

更嚴重的,當組織內其他員工眼見主管對表現較差員工的行為時,主管的名譽會因而受損,這是導致失敗症候群造成的又一傷害。如果其他員工認為,主管對那位表現較差同事的待遇不公平,或沒有助益,見到主管此種作為的員工會很快學得教訓。有一位表現傑出的員工認為,他的主管對另一位同事的行為過於強調控制,而且太吹毛求疵,他說:「這使我們覺得隨時都可以被犧牲。」在組織愈來愈強調學習與授權的情況下,經理人除了締造成果以外,還必須營造他們做為員工教練的聲譽。

導致失敗症候群對任何團隊都會造成嚴重後果。由於對心目中表現較差的部屬缺乏信心,主管會加在他認為能力較強部屬身上過重的工作負荷;主管會將重要任務指派給那些可以依靠、能夠迅速交出成果的部屬,以及那些具有強烈命運共同體意識、力求工作盡善盡美的部屬。有一位主管半開玩笑地說:「首要原則就是,如果你想完成一件工作,就把它交給一位正在忙碌的部屬。這位部屬之所以忙碌,自有其道理。」

工作量的加重,或許能使得表現較優的員工,學會如何更善用時間,特別是能協助他們,更有效地委

派工作給自己的部屬。但在許多案例中，這些表現較佳的員工只是負擔不斷增加、承受愈來愈多的壓力，經過一段時間以後，他們會心力交瘁，無法花足夠的心力去關注工作的其他層面，特別是那些能創造較長期利益的層面。在最嚴重的情況下，過度加重表現較佳員工負擔的做法，會毀掉這些員工。

主管對一位或多位表現較差部屬日益排斥的做法，也會傷害到團隊精神。卓越團隊的全體成員都對共同的使命保有熱情，並致力投入。即使主管心目中的那些圈外人，只是默默承受痛苦、不願表現出來，團隊其他成員仍會感受到此種緊張氣氛。有一位經理人談到，他們有一位同事每週都會被主管折磨，當主管折磨這位同事時，所有其他成員看在眼裡都覺得很不自在。他解釋說：「一個團隊彷彿是一個功能健全的有機體，如果其中一個成員受苦，整個團隊都會感同身受。」

此外，遭到歧視待遇的部屬經常不會把痛苦悶在自己心中。在公司走道上，或是午餐時間，他們會向同事渲洩不滿與控訴，爭取同情。結果不僅浪費他們本身的時間，也使其他同事的工作沒有生產力。員工寶貴的時間與精力，於是不能集中於團隊的使命，轉

而用來討論內部政治動態。

最後，導致失敗症候群對表現較差的員工也帶來後遺症。在小學操場上常遭大孩子欺負的那些弱小孩童，回到家後，往往也會欺負比他還要弱小的弟妹。在主管心目中屬於圈外人群體的員工亦然。當這些員工管理他們自己的部屬時，經常也會向他們的主管有樣學樣，他們不會注意部屬的優異表現，只會用過度嚴厲的手段對付部屬。

破解不容易

導致失敗症候群並非牢不可破。部屬可以克服它，不過我們發現例證並不多。要克服導致失敗症候群，這位部屬必須一再締造優異成績，迫使主管轉而將他視為核心群體的一份子才行。但由於這位部屬所處的工作環境，此種現象很難出現。做為部屬，如果獲得指派的只是一些不具挑戰性的任務，而且既無自主權、所能運用的資源又有限，就很難做出優異成績讓主管留下深刻印象；此外，在未獲得主管鼓勵的情況下，要持續不斷地努力，保持高水準的績效也很難。

此外，即使部屬做出較佳的成果，主管或許也

要一段時間後才會發現，因為主管會有選擇性的觀察
與記憶。研究結果確實也顯示，主管往往會將表現較
差員工做出的優秀成績，歸因於外在因素，而不認為
這些好成績是部屬的能力與努力所致（對於心目中能
力較強的部屬，主管則抱持完全相反的心態：成功都
是部屬努力的成果，失敗則歸咎於無法控制的外在因
素）。也因此，部屬必須締造一連串的佳績，才能促
使主管開始考慮是否將他重新歸類。顯然，部屬要打
破此種症候群，需要特別具備勇氣、自信、能力，而
且有恆心與毅力。

　　但是，遭主管歸類為圈外人的部屬，為了迅速、
強力地打動主管的心，往往為自己訂定抱負太過遠大
的目標，例如他們會保證於期限前三週完成任務、或
同時進行六項計畫、或者設法在沒有外援的情況下，
獨力處理一個大問題。可悲的是，這類超人才能完成
的目標，不是他們能力所能及。而且，由於訂下此種
注定失敗的目標，這些部屬只是徒然證明，他們一開
始就缺乏判斷力。

　　導致失敗症候群不僅是出現在那些能力不足的主
管身上而已。我們見過一些在其組織內信譽極高的主
管，也出現此種症狀。他們對若干部屬管理失當，不

一定會導致他們無法成功，特別是當他們與心目中表現較佳的部屬，都能締造優異的個人成績。但是，這些主管如果能破解這個症候群，對工作團隊、組織、以及對他們自己，都能創下更輝煌的成績。

把事情做對

　　根據一般原則，解決問題的第一個步驟，就是發覺問題確實存在。要想破解導致失敗症候群，這種觀察尤其重要，因為導致失敗症候群具有自我實現與自我增強的特性。主管首先必須了解此種症候群的動力，特別是必須承認他本身的行為，可能導致部屬表現不佳，才有可能展開破解行動。但下一個步驟就難得多了：主管必須採取經過精心策畫、仔細架構的行動，進行一次（或數次）的坦誠對話。這樣做的用意，在於使得損及從屬關係的不健康因子，浮現出來，並加以解決。此種介入措施的目的，在於使部屬的表現能持續加強，而主管的干涉能逐步減少。

　　要為這類談話的內容建立詳細範本，不僅很困難，而且事實上這樣做甚至有害。主管如果刻板地計畫與部屬的談話，然後依照計畫實施，就無法與部屬進行真正的對談，因為真正的對談需要彈性。我們在

這裡提出五項有效介入的要件，做為指導架構。這五項要件雖不一定要嚴守以下的順序，但必須包含每一點。

一、主管必須為這項討論創造適當的環境。舉例說，主管選擇的會晤時間與地點，必須使部屬感受的威脅減至最低。選擇一個中性地點，或許比選擇辦公室進行對話更能有成效，因為以前雙方在辦公室中的對話，或許是不愉快的經驗。在邀部屬會面時，主管應使用肯定的語氣。主管不應指這次會面是「回饋」（feedback），因為「回饋」一詞讓員工有精神上的負擔，而且也可能意味這次會談是單向的、完全由主管主導。主管應該對部屬表示，這次會晤的目的在於討論部屬的表現、主管扮演的角色、以及雙方間的關係。主管甚至可以承認他察覺與部屬間的關係緊張，希望利用這次會晤紓緩彼此的關係。

最後，在訂定會談內容範圍方面，主管也應告訴他心目中那位表現不佳的部屬，他誠摯盼望這會是一次坦誠的談話。他特別應該向部屬承認，所以造成今天的情勢，他或許也有部分責任，這次會談也可以盡量討論他對部屬的行為。

二、主管與部屬必須利用此種介入過程，就問題

的症狀達成協議。很少有員工會在各方面的表現都沒有成效。而且，即使有員工存心表現不佳，也是極少數的情況。也因此，這項介入做法必須使雙方對於部屬表現較差的那些工作職掌，達成共識，這點非常重要。以史帝夫與傑夫的個案爲例，在經過仔細舉證以後，或許雙方都會同意，史帝夫的表現並非每一項都差，史帝夫表現不佳之處，主要只是他所提報告的品

導致失敗症候群具有自我實現與自我增強的特性。

H
B
Managing
People
R

質欠佳（或是他未按要求提出報告）。另一個案例的情況可能是，雙方經過仔細舉證後達成共識，認爲某位採購經理只有在尋找外包供應商、與在會議中提構想這兩方面表現不理想。或許一位新進的投資專業人士與他的主管會達成共識，認爲他只有在拿捏買賣股票的時機方面表現較差，但他們也可能同意他對股票的財務分析能力極強。採取這個步驟的用意是，在雙

方採取行動以強化表現、或紓緩緊張關係之前，必須對究竟是績效的哪些領域造成爭議，達成共識。

　　我們在上文討論史帝夫與傑夫的案例中使用「舉證」這個詞，這是因為主管必須以事實與數據資料佐證做的績效評估，如此介入行動才會有效。主管不能憑感覺判定部屬的表現，也就是說，傑夫不應對史帝夫說：「我就是覺得你沒有努力撰寫這些報告。」傑夫應該要向史帝夫說明，一篇好的報告應該像什麼樣子，說明史帝夫的報告缺失何在。同樣地，主管也應容許——事實上，應該鼓勵——部屬為自己的表現辯護，讓部屬比較自己的表現與其他同事的表現，讓部屬指出自己的長處所在。畢竟，僅是主管的意見並不能代表事實。

　　三、主管與部屬必須就造成某些方面表現不佳的原因，達成共識。一旦確定哪些領域表現不佳後，雙方應努力找出造成的原因。這位部屬是否在安排工作、運用時間、或在與同事共事等方面技巧不足？他是否欠缺知識或能力？主管與部屬是否能就他們工作的優先順序，達成共識？或許這位部屬之所以沒有很注意工作的某個層面，是因為他不了解此層面對主管很重要。這位部屬在壓力下，會不會變得成效較差？

他對於績效的標準，是否低於主管所要求的標準？

在介入過程中同樣重要的是，主管應該談到他本身是如何對待部屬，以及這樣的行為如何影響到部屬的表現。主管甚至可以試著描述導致失敗症候群的原因。他可以問：「我對待你的行為是不是使你的表現更差？」或者他也可以問，「我對你做的哪些事，讓你覺得我給你的壓力太大？」

在會談中，雙方還必須表明，至目前為止，自己假設對方的意圖為何。許多誤會都起於未經證實的假設。例如，傑夫或許可以說，「由於你沒有依照我的要求向我提出報告，我下了一個結論，認為你不夠積極。」這樣的說法也讓史帝夫將藏在心裡的假設說出來。他或許會說：「其實不是這樣。我消極的反應，只是因為你要求的是書面報告，而我認為這代表過度控制。」

四、主管與部屬應該就績效目標，以及改善關係的意願達成協議。在就醫過程中，醫生於診斷病情後，就展開治療過程。當組織功能出現問題，需要治療時，事情會比較複雜，因為要調整行為、要培養複雜的技巧，都比吞幾粒藥丸困難得多。不過，適用於醫療的原則也仍適用於企業：主管與部屬必須利用介

入的過程，就他們共同找出來的根本問題，擬出解決的方法。

主管與部屬達成的這項協議，應該明白指出他們將如何提升技巧、知識、經驗或個人關係。雙方也應該開誠布公地討論，主管今後將對部屬進行什麼樣的監督、監督的程度如何。當然，任何一位主管都不應該突然放棄參與部屬的工作；主管有義務監督部屬的工作，特別是當部屬在工作的一個或幾個層面顯得能力不足時，主管是否有參與尤其重要。但從部屬的觀點來看，如果主管介入的目的是協助部屬改善、提升表現，則部屬不僅是接受而已，還會對此表示歡迎。如果主管的介入只是暫時性的，會隨著部屬表現的提升而遞減，則絕大多數部屬都會願意接受。只有那種似乎永遠如影隨形的嚴密監督，才會讓部屬難以忍受。

五、主管與部屬應同意日後進行更加坦誠的溝通。主管可以說：「如果下一次我的行為讓你感到我對你期待很低，你能立即讓我知道嗎？」而這位部屬或許也可以說，「下一次我如果做了讓你生氣，或令你不解的事，你也能立刻告知我嗎？」這一類簡單的要求，幾乎立刻就能開啟雙方建立更坦誠關係的契

機。

沒有簡單的答案

我們的研究顯示，這一類介入並不經常出現。面對面討論部屬的表現，往往是人們在職場上最想避免的情況，因為這類討論可能使雙方都感到尷尬或受威脅。部屬不願主動進行這類討論，因為他們擔心會被人視為禁不起批評、愛發牢騷。主管也希望避開此種討論，因為他們擔心部屬可能有負面反應；這項討論可能迫使主管表明他對部屬缺乏信心，於是使部屬採取自衛做法，終使情勢更為惡化（注2）。

其結果是，一些主管觀察到導致失敗症候群的運作情況，可能就會設法迴避與部屬的坦誠討論。他們會採取不動聲色的做法，也就是鼓勵那些表現較差的部屬。此種做法雖暫時避免了坦誠討論的那種尷尬，但卻有三大缺點。

首先，主管若單方面採取行動，不大可能促成持續的改善。因為它只針對此種症候群的一個症狀，即主管的行為，並沒有處理部屬在表現不佳問題中的責任。

其次，即使主管的鼓勵確實有效，使部屬表現確

實提升了，但由於只是片面的做法，無論對主管或對部屬而言，成效都有限。如果以較坦然的方式處理這個問題，雙方必能獲益更大。特別是對部屬而言，如果只是主管片面採取行動，這位部屬將無法觀察、學習他的主管如何處理這項難題。這位部屬日後在管理自己的部屬時，也可能遭遇到類似問題。

最後，主管如果單方面修正自己的行為，往往會修正得過頭了；他們突然會給予部屬過大自主權與責任，而使部屬無從適從。可以預見，這位部屬當然無法創造令主管滿意的成果。其結果是，主管更加沮喪，更加認定除非加以嚴密監督，否則部屬無法有應有的表現。

我們並不是說介入一定是最好的行動。有時候，可能無法介入，或者並不適合介入。舉例來說，或許已有許多證據顯示某位部屬不能勝任他的工作。當初雇用或讓該部屬升職，就是一個錯誤。在此種情況下，將他調職是最好的處理辦法。而在某些案例中，主管與部屬的關係已經過於惡化，創傷過重，已經無法修補。最後，主管有時實在太忙，受到的壓力太大，根本沒有時間與精力採取介入措施。

不過，通常介入措施的最大障礙還是主管的心

態。當主管認定部屬表現不佳,並且最重要的是,當
這位部屬也讓他惱怒時,主管在言語間不會掩飾對該
部屬的不滿;他在會議過程中會表露對該部屬的看
法。這正是為何介入的做法極為重要的原因。甚至在
決定與部屬會面以前,主管都必須將情緒與事實區分
開來。情勢是否一直都像現在這樣惡劣?這位部屬真

比較坦誠的關係,紓緩了主管與部屬的緊張感受,
也影響到部屬本身的部屬。

H
B
Managing
People

R

如我想像的這樣差嗎?有什麼具體證據可以佐證我對
他的看法?除了績效以外,還有沒有其他因素導致我
判定他表現不佳?他難道沒有可取之處嗎?當我們決
定雇用他時,他一定曾展現優異的條件。難道這些條
件突然之間都消散不見蹤影了?

　　主管甚至可以在會談以前,先在心中預演一番。
如果我對部屬這樣說,他會怎麼回答?當然,他會
說,這件事錯不在他,完全是因為那位客戶不講道

理。這些藉口眞的都只是推卸責任之詞嗎？他說的會不會也有道理？如果換成在其他環境下，我是不是會以較爲肯定的態度來看待那些「藉口」？如果我仍然自認看法正確，我該如何協助這位部屬更清楚地觀察事物？

主管也要有心理準備，對部屬的觀點要抱持開放的態度，甚至當部屬質疑他是否有任何證據，足以支持說他績效不佳時，主管也應維持這種開放的態度。如果主管早在爲這項會談做準備時，就已經先質疑過自己先入爲主的偏見，要在會談進行時保持開放態度就容易多了。

即使經過充分的準備，在會談進行時，主管一般仍難免會感到有些不自在。但這並非一定都是壞事。他會見的那位部屬，很可能也同樣不自在，而當他看到主管也跟他一樣，不過是個平凡人時，他會感覺有信心得多。

估算成本與效益

如前文所述，介入並非一定適當可行。但適當的介入總能產生較其他辦法更佳的成果，透過其他辦法，部屬的表現往往依舊不振，主管與部屬間的關係

也仍然緊張。無論如何，主管若只是一味地對部屬的貧乏表現不予理會，或採取將部屬解雇、調職等更便利的做法，最後終必反覆犯下同樣的錯誤。在將表現較差的部屬解職以後，主管必須重新招募人員填補遺缺，並訓練新人，而這種招募與訓練都是代價高昂，而且必須一再支付這種費用。部屬在失望之餘，表現勢必愈來愈差，而監督與控制此種部屬的表現，同樣也必須耗費極大的成本。不計員工素質、只求成果的做法，難以持久。換言之，我們應該將介入視為一種投資，而不是開支，而且回報也可能會很高。

回報的高低與回報的形式，顯然取決於介入的成果，而介入成果本身不僅取決於介入的品質，也取決於幾項重要的環境因素：雙方關係日趨惡化的過程已持續多久？部屬是否具有解決問題必備的智識與情緒資源？主管是否有足夠的時間與精力來做他該做的事？

我們將觀察到的介入結果區分為三類。在成果最佳的類型中，介入促成教導、訓練、工作的重新設計、以及氣氛好轉；其結果是，主管與部屬間的關係，以及部屬的表現都改善，導致失敗症候群造成的傷害消逝，或至少是大幅減小。

在次佳類型中，部屬的表現僅僅略見改善，但由於主管坦誠聽取過部屬的想法，兩人間的關係變得更具生產力。對於部屬在哪些工作層面上可以做得很好、哪些層面上比較無法勝任的問題，主管與部屬間有較佳的了解。如此一來，主管與部屬可以共同探討，研擬如何讓工作更能配合部屬的長處與短處。做法包括大幅調整部屬的現有工作，或是將部屬調派至公司內另一個職位。此種做法甚至可能導致部屬自動請辭。

雖說此種結果不如第一類型成功，但它仍然具有成效；比較坦誠的關係，紓緩了主管與部屬的緊張感受，也影響到部屬本身的部屬。如果這位部屬調任組織內一項比較適合他的新職，他可能表現較佳。他的調離也可能讓能力較強的人有機會填補空缺、發揮能力。要點在於，在受到公正的對待以後，這位部屬會更加欣然接受這項介入過程的結果。近年進行的若干研究確實也顯示，一項流程是否為員工視為公正，深深影響員工對結果的反應。

最糟的情況是，儘管主管極力設法，但部屬的表現以及他與部屬間的關係仍無起色；不過即使在這類案例中，公正仍然能夠發揮功效。有些時候，部屬確

實缺乏符合工作需求的能力，而且也無意提升能力；此外，主管與部屬在專業與個人上差異過大，根本無法化解。這種情況確實也會出現。但在這類案例中，介入仍能產生間接效益，因為即使介入的結果導致部屬離職，公司內其他員工會認為該同事獲得公平對

> 早期的指導不會對部屬構成威脅，
> 因為主管不是因為員工表現有缺失而出面指導。

Managing People

待，他們比較不會因此覺得，自己是公司可以犧牲的資產，或因而有被出賣的感覺。

預防是最佳藥劑

導致失敗症候群並非一種組織的既成事實。它是可以化解的。化解此種症候群的第一個步驟是，主管必須能察覺它的存在，並且認識到它有可能是問題的一部分。第二個步驟是，主管必須針對問題採取明確的介入措施。主管與部屬必須基於績效不佳的證據、

主要成因以及雙方的共同責任，來進行坦誠的交談，
最後共同決定要如何消除這種症候群。

　　要想破解此種症候群，主管首先必須質疑他們
本身的假設。同時主管也需要有勇氣來反省問題的原
因，與解決辦法，以免造成推卸責任的遺憾。不過，
事先防範顯然是最佳解決之道。

　　目前的研究裡，我們檢視直接採取防範措施的
個案。研究成果只能算是初步的判定，不過它似乎顯
示，不斷設法避免導致失敗症候群的主管都有若干共
同特點。有趣的是，他們並非以同樣的方式對待所有
部屬。他們對若干部屬比對其他部屬更加投入，他們
甚至以較嚴厲的方式監控若干部屬。不過，他們的這
些作為都是在不損及授權、不影響部屬士氣的情況下
進行的。

　　他們是如何辦到的？其中一個答案是，這些主管
在一開始都會積極參與所有部屬的工作，然後視員工
表現是否提升，而逐漸減少干預。早期的指導不會對
部屬構成威脅，因為主管不是因為員工表現有缺失而
出面指導；這只是一種制度化的工作方式，目的在於
為往後的成功奠定基礎。在關係展開的初期階段就能
經常保持接觸，使主管有充分機會與部屬溝通，使部

屬了解工作優先順序、績效指標、時間的分配、甚至還包括未來可能會有的溝通類型與頻率多寡。釐清這些事項，有助於預防導致失敗症候群。未明白說出的期待，以及優先順序的不明確，往往是造成症候群的原因。

以史帝夫與傑夫的例證加以說明。傑夫可以在一開始就非常明確地表示，他要史帝夫建立一種制度，以有系統的方式分析品管瑕疵問題的根本原因。傑夫原本可以在建立新生產線的初步階段，就向史帝夫說明設置這套制度的好處，他也可以表示，他有意積極參與此制度的設計與初期運作。傑夫日後也可以根據雙方共同達成的協議，逐步減少參與。

主管避免導致失敗症候群的另一條途徑，就是不斷省思自己對部屬的假設與態度有無不當。他們努力克制不要用簡化的方式，將部屬分類。他們也不斷檢視自己的推理。舉例說，當他們因部屬表現不佳而感覺懊惱時，會自問「事實究竟如何？」他們會檢討，自己是否未明確地向部屬解說對他們的期許？他們會設法對部屬真正失敗的次數與程度盡可能保持客觀。換言之，這些主管會在展開全面介入以前，先檢討自己的假設與行為。

研究說明

　　這篇文章以兩項研究爲基礎，研究設計的目的，是爲了對領導風格與部屬表現間的因果關係，有更佳的了解，換言之，在於探討主管與部屬如何交互影響彼此的行爲。第一項研究包括調查、訪談與觀察，研究對象爲名列《財星》雜誌一百大排行的四家製造業者的五十對主管與部屬。第二項研究，是對三年來參加歐洲商業學院主管人員發展計畫，大約850位的高階級經理人進行的非正式調查，其目的在於測試並確立第一項研究得出的結果。在第二項研究中接受調查的主管，在國籍、產業與個人背景方面極具多樣性。

　　最後，主管會創造一種有利的環境，讓部屬能夠自在地討論他們的表現，以及與主管的關係，從而避免導致失敗症候群。這樣一種環境必須具備若干因素：主管要有開放的胸襟，他必須能夠容忍部屬質疑他的意見，甚至他還要有幽默感。此種做法的效果是，在問題爆發或僵化以前，主管與部屬可以沒有顧忌地經常溝通，互相詢問有關各自行為的事，從而化解問題於未然。

　　要防範導致失敗症候群，主管確實必須在防範過程中投入極多的情感——就像他們進行的介入行動一樣。但我們相信，這種較高層次的情緒介入，是使部屬充分發揮工作潛力的關鍵。就像生活中絕大多數其他事物一樣，你只有在大量投入以後才能預期有大量回報。誠如一位高階主管對我們說過的一句話：「你給予他人敬意，也會從他人獲得敬意。」我們完全同意這句話。如果你希望——應該說，你需要——組織中其他成員都能全心全意投入工作，那麼你也必須如此。

（譚天譯自 "The Set-Up-to-Fail Syndrome," *HBR*, March 1998）

注 1、　杜夫‧伊登（Dov Eden）與他的同事進行過無數次實驗，發覺期待對表現確實具有影響力。見杜夫‧伊登所著，〈領導與期待：比馬龍效應以及組織中其他自我實現的預言〉（Leadership and Expectations: Pygmalion Effects and Other Self-filling Prophecies in Organizations〉，《領導季刊》（*Leadership Quarterly*），1992年冬季號，第 3 卷第 4 號，頁 271~305。

注 2、　克里斯‧阿吉瑞斯（Chris Argyris）曾經撰寫許多論文，討論人們處在他們認為有威脅性或令他們尷尬的情況中時，會如何表現得缺乏生產力，以及發生此種現象的原因。例如，可見阿吉瑞斯所著《行動的知識：克服組織變革障礙的指南》（*Knowledge for Action: A Guide to Overcoming Barriers to Organizational Change*）（San Franciso ： Jossey-Bass, 1993）。

Managing People

M

你剛提拔一名表現優異的
部屬擔任主管，接下來
最重要的事，就是協助他避開
新手主管常犯的錯誤。

第 四 章

搶救
菜鳥經理人

Saving Your
Rookie Managers
from Themselves

卡蘿 · 華克
Carol A. Walker

www.preparedtolead.com
預備領導（Prepared to Lead）
管理顧問公司創辦人兼總裁，
公司設於美國麻州。創業之
前，她在保險業與科技業擁
有 15 年高階主管的資歷。

湯姆·艾德曼（假名）在個人工作崗位上總是表現傑出，貢獻卓著，一如其他許多新手主管。他精明幹練、充滿自信、思想前瞻、足智多謀，深得客戶、長官、同仁的讚賞，因此，上司讓他出任某個主管職位時，其他員工都不意外。湯姆雖然接受這項安排，心裡卻有些矛盾，因為他喜歡直接跟客戶打交道，不願割捨那層關係，不過大體來說，他感到很高興。

半年過後，我受命擔任湯姆的教練，當時完全看不出他曾是充滿自信的員工，只覺得他像一頭飽受驚嚇的鹿。他似乎承受不了工作壓力，還三番兩次用「無法招架」來描述他的感受，而且開始懷疑自己的能力，認為那些一度與他走得很近，後來成為他直屬員工的同事，似乎不再尊敬他，甚至不再喜歡他。更糟的是，湯姆掌管的部門接二連三發生小危機，他大部分時間都在設法解決這些問題。他明白這樣無法有效善用時間，卻又不知該如何解決。這些問題雖然還沒有造成他的部門業績不佳，但他已經陷入困境。

湯姆的上司察覺他可能無法勝任這份工作，於是請我出面協助。在我的支援和輔導下，湯姆得到所需的協助，終於成為一名績優主管。從我們合作共事以

來，他已兩度獲得升遷，如今管理公司的某個部門。

　　湯姆先前差點失敗的經驗和原因，極具代表性。大多數組織總是根據員工的專業能力，來擢升他們為主管，不過這些新手主管經常忽略自己的角色已經轉換，不明白：自己的職責不再是追求個人成就，而是協助他人獲得成就；主管有時該退居幕後，讓員工獨當一面；建立團隊往往比爭取業務來得重要。就算是最優秀的人才，可能也難以適應這些新狀況。這類困擾又會因新任主管缺乏安全感而變本加厲，他們即使感到束手無策，也不敢向他人求助。如果他們把壓力藏在心底，就只會在意內心感受，因此變得惶恐不安、只關注自己，無法適時提供團隊所需的協助，最後必然失去他人信任，使部屬產生疏離感，生產力也會受損。

　　許多公司常在無意間讓這種惡性循環變得更糟，因為他們以為新手主管總會耳濡目染學到重要管理技巧。有些新手主管的確如此，但根據我的經驗，他們屬於特例，大多數人還是需要更多協助。大部分公司都沒有為新手主管提供廣泛訓練和密集輔導，因此，新手主管的頂頭上司就必須扮演重要支援者。當然，大多數高階經理人不可能花許多時間督導新手主管，

但如果你知道新手主管通常會面臨哪些挑戰，就可以
預先看出其中某些問題，並且防範其他問題。

難題1：有效指派工作

有效分派職責，可能是新手主管最難做到的事。
高階經理人常將重責大任和緊急差事託付給他們，然
後大力施壓，要求他們交出成果。新手主管遇到這類

主管的職責不再是追求個人成就，而是協助他人
獲得成就；主管有時該退居幕後，讓員工獨當一面；
建立團隊往往比爭取業務來得重要。

H
B
Managing
People

R

挑戰的自然反應是：「埋頭做就對了。」並認為當初
他們之所以獲得升遷，正是因為自己苦幹實幹。他們
不願分派工作給別人，是因為非常擔心幾種狀況。首
先是怕失去聲望，他們可能這麼想：如果我把最重要
的專案交給部屬處理，公司就會把功勞算在他們頭
上，那我還有什麼威望可言？我的長官和部屬看得出
來我有什麼附加價值嗎？

其次，他們害怕情況失控。例如他們會問：如果我讓法蘭克做這件事，要如何確定他會正確執行？由於擔心這點，新手主管就算把工作交給法蘭克，還是會在一旁嚴密督導，不讓法蘭克挑起責任。最後，新手主管可能怕部屬負擔過重，而不敢分派任務給他們，也可能怕同儕心生怨恨，而不喜歡把工作交給對方。不過，那些同儕厭惡新手主管的原因，通常是自認缺乏表現機會，以致升遷無望。

新手主管若擔心上述幾點，就會出現以下現象：主管工作時間過長或不敢承擔新責任、部屬看來無所事事，或是主管喜歡代替員工找答案，不鼓勵員工與主管溝通。

協助年輕主管有效分派工作的第一步，是讓他們了解自己的新角色，以及認清他們現在的職責不同於獨立作業的員工。另外也要清楚告訴他們，你和組織看重哪些領導特質，例如，培養有才華、有前途的部屬，對任何公司都很重要。你應該讓新手主管明白，如果他們既能達到數字化的具體營運目標，又能努力培養較難具體衡量的管理才幹，一定會得到獎勵。對新手主管來說，了解自己的新角色，就等於克服了一半的障礙，但許多公司卻誤以為新手主管一上任就能

做到這點。

說明新手主管的角色與過去有何不同之後，你就可以傳授他一些因應之道。你應該以身作則，這一點也許不必多作解釋。你有責任授權給新手主管，並盡可能幫助他擺脫惶恐的心理，不再擔憂自己在組織裡的重要性。接著，你可以協助他找機會授權給他帶領的團隊，激勵部屬參與。

我有一位客戶是剛上任的年輕主管，亟需挪出時間訓練和督導新員工，由於他任職的公司最近剛被別家企業併購，他必須處理員工流動率升高的問題，並且因應新的產業規範。他最資深的部屬曾服務於併購他們的那家公司，這位女士先前請假照顧家庭，不久即將銷假上班。這位年輕主管不敢請她提供協助，因為她不是全職人員，況且她已要求公司讓她負責最大的客戶。更麻煩的是，他懷疑這位女士並不高興看到他升遷。我跟他一起評估情況後，他才了解這名資深部屬的首要目標，是重新在團隊中建立自己的地位，於是他立刻請她擔任幾項重要督導職務，並減少她與客戶聯繫的工作，結果對方欣然同意。其實，她很高興能與這位主管一起培植團隊。

如果某位新手主管抱怨工作量增加，你就可以趁

機跟他討論如何分派工作，並鼓勵他先承擔幾次小風
險，好讓部屬發揮長才。舉例來說，他可以要求一位
條理分明、辦事牢靠的助理負責某個新產品的後勤工
作，這樣會比要求一位不習慣處理這類細節的明星推
銷員擔當這件工作，還要保險得多。一旦獲得初步成
果，這位主管就會更有信心、也願意冒更大的風險，
逐步拓展每位團隊成員的工作能力。你也應該向他強
調，分派工作不代表放棄權責。如果把某個複雜的專
案，拆成幾個容易處理的小案子，同時針對每個案子
訂定明確目標，就比較容易追蹤考核。在推動專案
前，與部屬定期開會也很重要，這麼做可以讓主管隨
時掌握進度，讓部屬產生責任感。

難題2：請求上司支援

大多數新手主管都認為，他們跟上司的關係，
比較像主僕而非伙伴，所以他們會等著你召開會議、
索取報告、詢問結果。你可能會欣然接受他們這種拘
謹的態度，但那通常不是好兆頭。因為如此一來，你
就會承擔不必要的壓力，必須主動設法和他們保持溝
通。更值得注意的是，如此新手主管就不會把你視為
重要的援手，因此他們也就不會成為部屬的後盾援

手。問題的根源不僅在於他們對你感到敬畏，也擔心自己受傷。一名剛獲升遷的主管，不會希望你看到他們的弱點，以免你認為所用非人。當我要求某些新手主管談談他們與上司的關係時，他們經常坦言自己會設法「不讓上司抓到把柄」，以及「小心翼翼向上司表達意見」。

有些經驗不足的主管即使出了紕漏，也不願向

表面看來勝任愉快的新手主管，往往會設法掩飾
某個計畫失敗或破壞某些關係，直到他們重新掌控情況。

H

B

Managing
People

R

上司求援。表面看來勝任愉快的新手主管，往往會設法掩飾某個計畫失敗或某些關係變差，直到他們重新掌控情況。舉例來說，我有一位客戶是某科技公司經理，她聘用了一名資歷比她多二十年的專業人才，結果對方調適得很不順利。儘管這名經理做了各種努力，那位部屬仍然適應不良，因為該公司就像許多其

他同業，比較器重年輕人。這名經理始終沒有請求上司協助，只是繼續自行設法解決。後來，那位部屬選在業務最繁忙的時候辭職，導致這位年輕主管陷入雙重困境，一方面必須應付人手不足的情況，一方面又讓大家都發現，她失去一位可能對組織很有貢獻的員工。

　　新手主管的直屬上司應提供哪些支援？首先，你可以清楚表達你對新手主管的期許，並說明他的成就與你的成就息息相關，好讓對方了解，坦誠溝通是你們兩人達成自身目標的必備條件。你應該說明，你不期望他知道所有的答案，同時介紹他認識幾位可能對他有幫助的主管，鼓勵他有需要時跟他們聯絡。另外也要讓他知道，發生錯誤在所難免，但掩飾過錯的行為比犯錯還糟糕。告訴他，你樂意偶爾收到他的午餐邀約，也樂於跟他多接觸。與主管共進午餐、見面溝通，都很重要，但仍不夠。你不妨考慮定期和新手主管見面，在對方上任初期，可能每星期見一次面，等到他建立自信後，再改成每兩週或每個月見面一次。這些會面可為雙方培養融洽的關係，一方面讓你了解新手主管如何處理工作，一方面也讓對方定期整理思緒。告訴他，這些會面是為他而設，由他安排議題，

而你跟他見面是爲了提出問題，他也可以提問，由你回答，並給予建議。你要傳遞的訊息，是你很重視他的工作，認眞扮演他的伙伴角色。更微妙的訊息是，你在示範如何授權給部屬，同時提供指導。

難題3：表現自信態度

當你缺乏自信時，也要表現出自信，這是所有主管都要面對的挑戰，高階經理人通常都會知道在何種情況下需要這麼做。新手主管往往太在乎內在感受，而沒有意識到這種需要，或是沒有注意到自己的外在形象。他們太注重內涵，忽略了外在也很重要。新主管剛上任頭幾個星期或幾個月，是與部屬建立感情的關鍵期。如果他們不展露自信，可能就無法激勵、帶動團隊。

我在協助新手主管時，總會發現其中有些人沒有察覺，自己平日的處事行爲會對組織造成傷害。琳達就是一個例子，她在一家急速成長的科技公司擔任客服部經理，工作壓力很大。該部門經常出現服務中斷的情形，非她所能掌控。由於顧客對公司要求極多，服務中斷常給顧客帶來很大壓力。琳達手下的客服人員數目迅速增加，但多半經驗不足，她幾乎每天

都為了顧客和員工而忙得焦頭爛額，經常一副忙得喘不過氣來的匆忙模樣，生怕又出了什麼問題。對首次擔任主管的人來說，這挑戰也許太大，不過，快速成長的公司都會出現這種情況。從某方面看，琳達表現得可圈可點，讓客服部持續運作。公司客戶人數不斷成長，客戶續留率當然也很高，主要原因是她幹勁十足、點子豐富。

但從另一方面看，她也帶來不少害處。琳達忙亂的工作方式，有兩個重大的影響。第一，她在無意間為客服部設立行為標準，讓大家以為她那種忙亂的工作方式是公司認可的，導致經驗不足的員工，也開始出現和她類似的行為。不久，其他部門都不願意和琳達或她的團隊溝通，就怕打擾他們，或是引起他們的反感。但公司若想為客服問題找到真正的解決方案，各部門就必須坦誠交換資訊，這家公司卻沒有做到。第二，在高階主管眼中，琳達沒有展現可獲升遷的特質，那些主管雖然欣賞她解決問題的能力，卻無法從她身上看到高階主管應有的自信與思考縝密。琳達的外在形象，將來一定會阻礙她自己的職涯和部門的發展。

並非所有的新手主管，都會出現琳達這種問題，

有些人過度狂妄自大，有些人經常懷疑自我。不論你手下的主管顯得無助、傲慢，還是不安，最好的處理方式，就是坦誠提供意見。你可以向新手主管保證，他們在你的辦公室關起門來抒發個人感受，絕對安全。要特別說明他們接下領導職位以後，會經歷多久

> 主管若想成功勝任高一個層級的職位，就必須證明自己擁有思考與執行策略的能力。
>
> **H**
> **B**
> Managing
> People
> **R**

的痛苦適應期，並強調部屬會密切觀察他們的行為，如果他們從主管身上看到專業、樂觀，也會表現同樣特質。向新手主管闡述注重個人行為舉止的好處，要求他們隨時留意外在形象。如果你發覺某位主管讓人留下不太好的印象，要立刻告訴他。

　　你也應該特別留意，新手主管是否出現有損個人威信的行為。琳達犯了另一個新手主管常犯的錯，打算讓手下員工執行她的上司擬定的某項計畫。她向

客服團隊說明這項計畫時，強調推動該計畫很重要，因為那是客服部資深副總裁的構想。雖然她的出發點是善意的，想號召團隊一起行動，這句話卻讓大家把注意力放在她的上司，而非她身上。新手主管若是表現得像高階主管的傳聲筒，最容易在部屬面前失去威信。新手主管提到，高階主管會查核某項計畫進展情況，當然沒有害處，但必須很小心，絕對不能讓部屬以為自己只是負責傳話而已。

指點新手主管表現自信最有效的方法，就是提供「即時訓練」。舉例來說，當你初次交代某位新手主管執行一項計畫時，不妨多花點時間協助他了解整個過程，並且強調一個重要管理原則：你不一定要讓部屬欣賞你，但必須讓他們信任你。換句話說，就是要確保新手主管做到言出必行。

推動裁員計畫，就是新手主管不易處理的典型例子。你不該讓新手主管在準備不足的情況下執行計畫，盡量把你知道的資訊都告訴他；要求他先在你面前進行非正式排練，以確定他能處理各種可能遇到的問題和反應。你也許會驚訝地發現，他在頭幾次排練時的表達能力非常糟。事前稍加演練，可以維持主管和公司的形象。

難題4：著眼於大方向

新手主管往往不懂得分辨輕重緩急，常把需要立即處理的工作，擺在重大計畫之前。從公司內部升任的主管尤其如此，因為他們剛離開第一線工作崗位，習慣應付緊急情況。不久前，這些主管還只是擁有多

腦力激盪會議，往往能協助新手主管了解，
某些棘手的個人問題，可以轉化為簡單明瞭的公事議題。

項專業技能、擅長單打獨鬥的員工，因此很自然地就會忙著立刻解決客戶或部屬的需求。他們可以從其中獲得誘人的成就感，興奮之情遠勝過根除所有災難的成因。再說，還有什麼情況會比主管親上火線，參與作戰，更能展露團隊精神？主管與部屬並肩作戰，對付急難，固然能表現團隊精神，但這些事情真有那麼緊急嗎？主管是否願意授權較資淺的員工處理複雜問題？假如新手主管忙著救火，誰來規畫整個部門的策

略？如果你是高階經理人，一旦想到這些問題，就會
發現你手下這位新手主管恐怕不完全了解自己的角
色，或是害怕擔任這種角色。

我最近協助的一位年輕主管，就是如此。他很
習慣應付源源不斷出現的問題，因此不願意撥出時間
研擬策略計畫。在我追問下，他才透露他覺得自己的
一項重要職責，就是等待危機降臨。他問：「萬一我
把時間表排定後，忽然發生緊急事件，而我卻無法解
決，讓別人失望，該怎麼辦？」我告訴他，如果真的
發生緊急事件，他可以延後討論策略，他聽了之後，
似乎鬆了一口氣。不過，他依然認為花時間思考經營
策略，是在縱容自己忙裡偷閒，卻沒有考慮到公司要
求他的部門，必須在下個會計年度大幅提高生產力，
而他完全沒有為這件事作準備。

資深主管協助新手主管時，可向他們說明，思
考策略的能力是獲得升遷的必備條件，初次擔任主管
的人，10％的職責用於研擬策略，90％處理戰術性
問題。然而，這些主管升爬上更高職位之後，這些比
例就會顛倒過來。主管若想成功勝任高一個層級的職
位，就必須證明自己擁有思考與執行策略的能力。你
可以利用與手下新手主管定期會面的機會，協助他們

著眼於大方向，不要只是檢討他們最近的成績，而要針對這些成績提出問題，例如：「你知道哪些市場趨勢會影響你未來兩季的業績？告訴我，你的競爭對手如何因應那些趨勢。」不要因為他們提到自己的部屬獲得多棒的訓練就感到滿意，你應該繼續問他們：「員工還需要培養哪些技能，明年的生產力才能提高25％？」如果你對新手主管的答覆不滿意，就要讓他們知道，你期望他們從這幾個角度來思考問題，目的不在找到所有的答案，而在全心參與思考策略的過程。

新手主管常把注意力放在營運活動，而非目標上，因為活動可以很快完成（例如，舉辦改善員工表達技巧的講習會），達成目標往往比較花時間（例如，真正強化銷售人員工作成效）。高階經理人在協助新手主管思考策略時，可要求他們把工作目標寫下來，並清楚區分目標和支持達成那些目標的活動。堅持要求新手主管持續學習如何設定目標，能幫助他們進行各項策略規畫，這麼做對稍有經驗的主管也很有助益。某些重要但屬於軟性的目標（例如員工培訓），往往不受重視，因為比較不容易評量成效。把這些目標寫成白紙黑字，同時列出明確行動步驟，就會具體

可行。一旦達成這些目標，就會讓人產生成就感，也較有可能獲得獎勵。擁有明確目標的主管，比較不會把所有時間都花在處理戰術層次的事務。同樣重要的是，這個過程能確保你的新手主管思考適當的問題，並且有效分配他們手下團隊的工作。

難題5：提供建設性意見

避免對立是人類的天性，大多數人遇到不得不糾正別人的行為或舉動時，都會覺得尷尬，新手主管也不例外，因此常常不願與部屬討論重大問題。情況通常是這樣的：一名部屬無法達成績效目標，或是在開會時出現不當行為，但主管只是靜觀其變，希望情況會奇蹟般地好轉。其他部屬看到主管沒有採取任何行動，都感到失望。主管不敢相信那位部屬居然這麼不清楚狀況，因此主管自己也愈來愈感到挫折。本來是單純的績效問題，現在卻演變成信用問題。後來這位主管終於出面處理，卻加入個人情緒，還用十分懊惱的口氣跟部屬討論，那位部屬感覺受到抨擊，於是忙著替自己辯護。

大多數經驗不足的主管總會一拖再拖，才跟部屬討論績效問題。高階經理人可以協助打造適當的環

境，提供建設性意見給手下的新手主管，不會讓他們
覺得受到批評，而是把那些意見看成授權。你可以先
針對新手主管的個人發展，提供簡單的意見，像是請
他們說明自己的弱點，以免那些弱點以後造成問題。
例如，在你仔細檢討過新手主管的績效之後，不妨對
他說：「從各方面看，你在公司前途大好，所以我們

> 高階經理人可以協助打造
> 適當的環境，提供建設性意見給手下的新手主管。

應該來談談你不想讓我知道的一些事。你在哪些方面
最沒有自信？我們要怎樣處理這些問題，一旦機會來
臨，你才能好好把握？」你可能會很訝異地發現，大
多數的績優幹部，都很不習慣跟別人討論個人的發展
需求。除非你把這些需求攤開來談，否則他們不可能
採取太多行動。

新手主管對部屬提供的意見，不見得都像你給新

手主管的意見那麼正面，也不見得那麼容易表達。重
點是，你應該多多鼓勵新手主管協助部屬達成個人工
作目標。如此一來，就算是員工不太願意啓齒的個人
問題，也會變得比較容易討論。我的一位客戶手下有
一名優秀的資深部屬，大家都知道她不喜歡協助其他
同事，而且老是埋怨自己缺乏升遷機會。我的客戶並
沒有因爲不想告訴這位部屬她的工作態度不佳，而逃
避這個問題，反而採取效果更佳的解決方式。他很清
楚這位部屬的個人目標，於是就從這個角度切入，他
說：「我知道妳很渴望擔任主管，我的職責就是協助
妳達成那個目標，但我必須坦白說出我對妳的看法，
才能幫助妳。管理工作的一項重點，在於加強部屬技
能，但我看不出來妳喜歡扮演這種角色。我們要怎麼
合作解決這個問題？」這些言詞沒有指責、告誡的意
味，只是想協助對方達成心願，也讓對方得到清楚明
確的訊息。

　　上述做法，是這位客戶與我腦力激盪之後想出來
的。腦力激盪會議，往往能協助新手主管了解，某些
棘手的個人問題，可以轉化爲簡單明瞭的公事議題。
以上述那位不喜歡協助別人的資深部屬爲例，她的態
度其實不需要納入討論，要討論的是她的行爲。建議

他人改變行為，遠比提議對方改變態度來得容易。不要忘記一句老話：你無法要求別人改變個性，卻可以要求他們改變行為。

高階經理人應該與新手主管分享自己處理不愉快對話的技巧。我有一位擔任主管的客戶，每次遇到

高階經理人應該與新手主管分享自己處理不愉快對話的技巧。

部屬質疑她的判斷能力，就採取防衛態度。她不需要我來告訴她，這種行為會損害個人形象和工作績效，但她需要我提供一些技巧，讓她在部屬提出挑戰的當下，改用更恰當的方式來回應。她學會利用幾個問題，快速、認真地回應部屬，例如，「你能進一步說明你的意思嗎？」這個簡單的技巧，讓她有時間專心思考，而且與部屬的溝通很有成效，不會顯得防衛心很重。她是當事人，當局者迷，所以很難自行想出這種回應方式。

　　你可能認為，分派工作、思考策略、勤於溝通，似乎都是最基本的管理原則，並不困難。的確沒錯，然而，這類最基本的原則，往往就是許多主管職涯發展早期的絆腳石。正因為它們是基本原則，上司通常都理所當然地以為，新手主管應該懂得如何運用。其實不然，有太多人不具備這些技巧。本文可能會讓讀者產生一個錯覺，以為只有新手主管才會遇到麻煩，因為他們尚未精通這些關鍵技巧，但其實各階層主管都會發生這些錯誤。如果組織能夠協助新手主管培養這些技巧，支持他們進步，就能創造極大的競爭優勢。

（譚家瑜譯自 "Saving Your Rookie Managers from Themselves," *HBR*, April 2002）

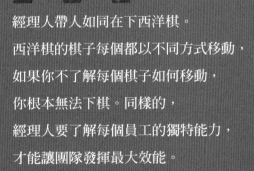

Managing People

經理人帶人如同在下西洋棋。

西洋棋的棋子每個都以不同方式移動，

如果你不了解每個棋子如何移動，

你根本無法下棋。同樣的，

經理人要了解每個員工的獨特能力，

才能讓團隊發揮最大效能。

第 五 章

傑出經理人怎麼做

What Great
Managers Do

H
B
R

Marcus Buckingham

馬可仕·白金漢

領導與管理實務領域的顧
問與演說家,為 TMBC 公
司創始人。他曾與人合著
《首先,打破成規》(*First,
Break All the Rules*)(Simon
& Schuster, 1999)以及《發
現我的天才》(*Now, Discover
Your Strengths*)(Free Press,
2001)。最新著作為《出類拔
萃》(*Stand Out*)。
E-mail: info@onethinginc.com

「這是我遇過最好的上司。」我們大部分的人都說過或聽過這樣的讚美，但這究竟是什麼意思？到底好的上司如何脫穎而出？許多文獻口沫橫飛地談論經理人與領導人的特質，以及兩者有何不同，但甚少提及在每天幾千個互動與決策當中，究竟那一些讓經理人激發出員工最好的一面，並贏得他們的忠誠。傑出經理人到底怎麼做？

我進行一項研究，主要以蓋洛普公司（Gallup Organization）針對八萬經理人做的一份調查爲基礎，並在過去兩年持續針對少數表現優異者進行深入研究。結果我發現，雖然管理型態的種類多到與主管數目不相上下，有一項特質卻讓傑出經理人脫穎而出：挖掘每個人的特點，並助其發揚光大。平凡經理人好比在下美國跳棋（checkers），但傑出經理人卻像在下西洋棋（chess）。其中分野在哪裡？玩美國跳棋，所有的棋子都一樣，而且方向一致；這些棋子是可互換的。你當然需要規畫與協調這些棋子的移動，但他們全以相同的速度、循平行的路徑移動。而在西洋棋中，每種棋子以不同的方式移動，若你不清楚每種棋子如何移動，根本無法下棋。尤有甚者，若你下每一

步棋時未經深思熟慮，你毫無勝算。傑出經理人了解並欣賞所有員工的獨特能力，甚至怪癖，而他們知道將這些員工融入團隊中會有多出色。

這正好與卓越領導人所作的背道而馳。卓越領導人歸納出共同點，然後善加利用，他們召集所有人員共同迎向更好的未來。這樣的方式會成功，領導人必須跨越種族、性別、年齡、國籍與個人差異，運用故事、歌頌英雄，並找到極少數大家的共同需求。然而經理人的工作卻是將個別員工的特殊才能化為績效。唯有經理人能夠辨識，並運用員工個別差異，敦促員工以個人的方式自我挑戰時，這樣的方式才能成功。這並不表示領導人不能成為經理人，或是經理人不能成為領導人。但要成為優秀的領導人或經理人，或兩者兼俱，你必須非常清楚這兩個角色需要擁有截然不同的技巧。

帶人如下西洋棋

何種行動如同下西洋棋？當我拜訪開了4,000家Walgreens藥房的經理人蜜雪兒・米勒（Michelle Miller）時，發現她後面辦公室的牆上貼滿了工作時程表。蜜雪兒位於加州雷當多海灘（Redondo Beach）的

店裡，雇用的員工不但擁有截然不同的技能，個性更是南轅北轍。因此，她的最重要工作之一是將這些人擺在適當的角色及班表上，讓他們可以盡情發揮，還得避免將個性互相衝突的人放在一起，並替每個人規畫未來的發展。

比方說，蜜雪兒手下有一位名叫傑佛瑞（Jeffrey）的，他是一位歌特搖滾迷（goth rocker，譯注：行為和穿著怪誕的另類人群，其稱呼源於美國的一支另類搖滾樂團），他的頭髮一邊剃光，另一邊卻長到遮住臉。蜜雪兒一開始並不想雇用他，因為他在面試時幾乎無法直視她的眼睛，但是他願意做最缺人的晚班，所以蜜雪兒決定給他一個機會。經過幾個月，她注意到，如果她給傑佛瑞一個模糊的指示，像是「將每個走道的貨物排直」，原本只需要兩個鐘頭的工作，他會花掉一整夜，而且做得並不好。但是蜜雪兒若給他一個特定的任務，比方說「把所有聖誕節促銷用的貨架架設好」，所有的貨架會對稱的排好，每個貨架上都擺放正確的商品，並有正確的定價、標籤、而且商品正面都面對消費者。給傑佛瑞一般性的指示他會很困擾；但若給他一個能強迫他精確執行、可分解的任務，他會做得非常好。蜜雪兒得到一個結

表1：我的研究

為了蒐集寫《你不可不知道的一件事：關於卓越管理、卓越領導與持續個人成就》(*The One Thing You Need to Know: About Great Managing, Great Leading, and Sustained Individual Success*) 一書的素材，我採取完全不同於以往的做法。我很幸運地與全球信譽卓著的蓋洛普公司合作了17年。在那段時間裡，我有機會訪問全世界最優秀的領導者、管理者、老師、銷售人員、股票經紀人、律師與公職人員。這些訪談的背後是一個大規模的研究，透過研究各個群體，期望能從眾多資料中找出共通模式。我的書即是以這些資料為起點，進行更深入與個別化的研究。

為研究書中提到的三個領域——管理、領導與持續的個人成就——我首先在各個角色與領域中找出一至二個人，表現優於同儕，他們這樣的表現是可衡量出來的、持續的、大幅高於同儕的。這些人包括基因生技（Genentech）商業營運總裁米特

爾·波特（Myrtle Potter），她將一個失敗的藥品轉變為全球最暢銷的處方藥；歐洲零售巨擘特易購（Tesco）的總裁泰瑞·利希爵士（Sir Terry Leahy）；美國加州聖荷西（San Jose）一家績效卓越、由川島吉姆（Jim Kawashima）管理的Walgreens藥房的顧客服務代表曼吉特（Manjit），這家店曾在一個月內賣出1600瓶吉列（Gillette）除臭劑；另外還有多產編劇家大衛柯柏（David Koepp），他的作品包括相當賣座的《侏羅紀公園》（*Jurassic Park*）、《不可能的任務》（*Mission: Impossible*）、《蜘蛛人》（*Spider-Man*）。

　　讓我對這些高成就者感興趣的是：在他們行動

論，這就是傑佛瑞的強項。所以，蜜雪兒做了任何一位好的經理人會做的事，她告訴傑佛瑞關於她對他的評斷，並稱讚他的工作表現優異。

　　好的經理人通常到此為止，但蜜雪兒知道她可以挖掘出傑佛瑞更多的能力。所以，她設計一套機制，

與選擇的背後，實際執行面與看似平凡無奇的細節爲何？爲何米特爾‧波特在接下扭轉失敗藥的挑戰前一直拒絕升遷的機會？爲何泰瑞‧利希爵士在制定公司決策時主要依據第一線員工的記憶，而非消費者調查或焦點團體訪談法（focus groups）的結果？曼吉特值夜班，而且她的嗜好之一是舉重，這些因素與她的績效有關嗎？究竟這幾位特殊人士做了哪些事才讓他們的表現如此優異？

一旦這種種細節被眞眞切切地注意到，並紀錄下來，造成卓越管理、卓越領導與持續性個人成就最重要的「那件事」（"one thing"）即慢慢浮現。

將整個店的工作重新分配，以充分利用傑佛瑞的專長。在每一家Walgreens 藥房，都有一項工作稱爲「重置與調整」（reset and revision）。「重置」是將貨架擺上新的商品，通常與可預測的消費者購買行爲改變有關（比方說，在夏季結束時，藥房會撤走防曬乳液

與護唇膏,改擺上過敏藥品)。而「調整」則與重置類似,但花的時間較少,頻率較高:比方說,將這些牙膏換上新的牙膏或增加更多品項;或是將新的洗滌劑陳列在走道的盡頭。每個走道每週都至少需要某種程度的調整。

在大部分的Walgreens stores藥房裡,每個員工都「擁有」一條走道,員工要負責服務顧客、將商品正面轉向顧客、讓走道保持乾淨與整齊、以掃描機掃描商品條碼、並負責所有的重置與調整。這樣的安排簡單又有效率,也讓每位員工擁有個人責任感。但是蜜雪兒決定,既然傑佛瑞對於重置與調整如此在行,又不喜歡與顧客互動,不如就讓這項成為他的專職工作,負責所有的走道。

這是一個挑戰。一週的調整工作資料大概有三吋資料夾那麼厚,但蜜雪兒認為,傑佛瑞會對這項新的挑戰感到興奮,並且練習之後會漸入佳境,而其他員工也不需要再做這件他們認為的雜事,而有更多時間來歡迎與服務顧客。店績效證明她是對的。經過組織調整之後,蜜雪兒不僅看到營收與獲利增加,最重要的績效指標——顧客滿意度——亦見提升。接下來的四個月,她的店在Walgreens藥房的神祕顧客計畫

（mystery shopper program）裡拿到滿分。

截至目前爲止，一切順利。不幸地，好景不長。這個「完美」安排的先決條件是傑佛瑞一直安於現狀，但事實不然。因爲傑佛瑞在重置與調整方面做得非常成功，他的自信隨之增長，經過六個月後，他想要轉換到管理工作。蜜雪兒並未對此感到失望，她反而充滿興趣。她一直密切觀察傑佛瑞的進步，並已認定他可能是一位好的主管，雖然他可能不是特別感性的主管。除此之外，就像任何一位優秀的西洋棋手，她早已考慮到傑佛瑞職涯接下來的好幾步。

設計「雙人組」工作

在化妝品走道工作的員工名叫熱那亞（Genoa），蜜雪兒將她視爲雙項高手。熱那亞不但善於拉近和顧客的距離；像是她記得她們的名字、提出好問題、親切而專業地接聽電話，同時，她也是個愛整潔的人。化妝品部門的產品正面總是面對顧客、每項產品排得整整齊齊、而每件事也都如此有條不紊。她的走道看起來相當心吸引人：讓你忍不住想伸出手去觸摸那些商品。

要充分利用熱那亞這兩項優點，又要符合傑佛瑞

表2：難以捉摸的「那件事」

要將任何事認定爲「那個」（the）解釋或解答是非常大膽的，因此要斷言「這是所有傑出經理人都會做的那件事」，更是非常冒險的舉動。但在經過充分與專注的研究後，的確有可能找出難以捉摸的「那件事」。

我想要將「那件事」視爲「決定性觀念」（controlling insight）。決定性觀念並無法解釋所有的結果或事件，只能說它是絕大多數事件的最佳解釋。這樣的觀念將幫助你了解在任何狀況下，你的那一項行動將產生最深遠的影響。

任何觀念在被認定爲單一「決定性觀念」之前，必須通過三項考驗。首先，它必須廣泛適用於各種情況。舉領導力爲例，最近屢被提及的概念是「沒有最佳的領導方式，而最有效的領導風格將由環境來決定。」毫無疑問地，領導人在不同狀況下需採取不同的行動，但這並非意謂著你對於領導

力所能提出的最佳見解就是由情境來領導。只要夠用心，你必能發現，無論任何情境與任何風格，成功領導力的背後有一件事是都共通的。

其次，決定性觀念扮演乘數的角色。在任何方程式中，有些因數只是一個加數：如果你將自己的行動專注於這些因數，你可以看到部分改善。但決定性觀點應更具威力，它會讓你看到倍數的改善。舉例而言，良好的管理是一連串行動組合的結果：挑選具潛力員工、設定明確的期望、發掘將事情做對的員工等等。但以上這些事都不是傑出經理人做的「那件事」，因為即使將這些事做好，這些行動只能確保經理人不會將最優秀的員工趕跑。

最後，決定性觀念必須能引領行動。它必須明確指出特定行動，而採取這些行動之後能持續創造更好的結果。經理人能夠據以採取行動，而非僅是反覆思考的觀念，才能創造改變。

升遷的期待，蜜雪兒再次調整店裡的工作。她將傑佛瑞的重置與調整工作切割，並將「調整」部分的工作交給熱那亞，於是整家店都將受惠於熱那亞將商品陳列地相當具吸引力的能力。然而蜜雪兒也不希望浪費熱那亞在顧客服務方面的天賦，所以她要求熱那亞在早上8點半到11點半的時間專注於調整的工作，過了11點半之後，店裡開始湧進午休的顧客，這時熱那亞便將重心放在顧客身上。

蜜雪兒將重置的工作留給傑佛瑞。通常副理不會負責店裡的日常工作，但蜜雪兒說服傑佛瑞：他現在已能將貨架拆解與重建做得又快又好，他一定能夠在五小時內做完主要的重置工作，所以他應該能同時負責重置與管理工作。

或許在你讀到這篇文章之前，傑佛瑞／熱那亞這個組合早已不存在，而蜜雪兒早已設計其他有效且有創意的工作分配方式。持續調整工作內容以充分利用個人優點，是傑出管理的精隨。

而經理人利用個別差異的方式，在每個地方大不相同。走進另一家Walgreens藥房的後面辦公室（這次是位於加州聖荷西，由川島吉姆管理的店），你看不到任何一張工作表。牆面上貼滿了銷售數字與統計資

料，表現最好的則以紅色簽字筆圈出，另外還有數十張銷售競賽冠軍的照片，照片裡大部分都是顧客服務代表曼吉特。

造就卓越員工

曼吉特的表現一直優於同事。當我第一次聽到她時，她剛贏得Walgreens藥房的建議性銷售（suggestive selling program）比賽，比賽誰能在一個月內賣出最多吉列除臭劑。全國銷售平均是三百瓶，而曼吉特賣出1,600瓶。拋棄式相機、牙膏、電池—所有你能想得到的，她都有辦法賣。曼吉特贏得一場又一場的比賽，雖然她值的是大夜班，從半夜12點半到早上8點半，在這個時段內她所能遇到的顧客其實比同事少很多。

曼吉特並非一開始就表現如此優異，她是在吉姆（喜歡讓績效不佳的店起死回生）上任後才脫穎而出。吉姆究竟做了什麼才造成曼吉特的改變？他很快找出她的特質，並將其轉換為傑出績效。比方說，在印度時曼吉特是一位運動員（跑步者和舉重運動員），一向樂於挑戰可衡量的目標。當我和她面談時，從她口中說出的第一件事是：「星期六，我賣出343條低卡糖果棒，星期天我賣出367條，昨天110，

今天105」。我問她是不是隨時都知道自己做得有多好。「是的」她回答,「每天我都會看川島先生的圖表,即使是我的休假日,我規定自己每天要進辦公室看我的數字」。

曼吉特喜歡獲勝,並陶醉在大眾的認同裡。因此,吉姆的牆上貼滿圖表與數字,他總是將曼吉特的

> 利用每個人的獨特性會建立強大的團隊感,
> 因為這樣創造了相互依賴性。

H
B
Managing
People

R

分數以紅筆標示出來,而那些照片則記錄她的成功。換作另一位經理人,可能會要求曼吉特壓抑對鎂光燈的熱情追求,並給其他人機會。但吉姆找到方法,充分利用曼吉特的這項特點。

但是吉姆其他的員工作何感想?其他員工非但未對曼吉特的出名忿忿不平,反而很清楚吉姆會在他們每個人身上花時間,並且以他們個人的強項來評估他們。他們也知道曼吉特的成功是整家店的最佳代言,

而她的成功同時也激勵整個團隊。事實上，不久之後，曼吉特的照片裡開始出現同店的同事。幾個月之後，聖荷西分店從四千家店中脫穎而出，在Walgreens建議銷售競賽中奪得冠軍。

傑出經理人是浪漫主義者

回頭想想蜜雪兒。她有創意的工作設計可能聽起來像是最後手段，試圖彌補錯誤的雇用。但，事實並非如此。傑佛瑞與熱那亞並非平庸的員工，而能充分利用每個人的特長是一項非常強大的工具。

首先，辨識及運用每個人的特長可節省時間。沒有一位有才能的員工是十全十美的。蜜雪兒當然可以花很多時間指導傑佛瑞，勸他要對顧客微笑、與顧客交朋友、並記住他們的名字，但她可能會覺得徒勞無功。她還不如將時間花在創造一個工作，讓傑佛瑞能夠盡情發揮他的天生才能。

其次，利用每個人的特長會讓員工變得更有責任感。蜜雪兒並非僅是稱讚傑佛瑞有將特定任務做好的能力，她還鼓勵他以這項能力為基礎，對店裡做出貢獻，好好掌握這項能力、並善加運用、勤加琢磨使其更趨完美。

第三，利用每個人的獨特性會建立強大的團隊感，因為這樣創造了相互依賴性。如此不但有助於員工欣賞他人的特殊才能，也會知道有其他同事可彌補自己的不足之處。簡而言之，它讓員工彼此需要。俗語說：「團隊」中沒有「自我」（there's no "I" in "team."），但麥可‧喬丹（Michael Jordan）卻說：「或許團隊中沒有自我，但為了爭取勝利，有時卻需單槍匹馬」。（"There may be no 'I' in 'team,' but there is in 'win'."）

最後，當你利用每個人的特長時，你為組織帶入某種破壞式創新。你打破現存的組織層級：如果傑佛瑞負責店裡所有的重置與調整，或多或少會影響到他身為副理所應受到的尊重？你同時也打破大家既定的假設，什麼人可以做什麼事：如果傑佛瑞想出新的方法來重置貨架，他是否要事先取得許可才能嘗試？或者他可以自己進行實驗？另外，你也打破目前對專業知識的認知：如果熱那亞想出新的方式來陳列新商品，她認為會比Walgreens總部發下來的建議「貨架圖」（planogram）有吸引力，她的專業是否能贏過總部的企畫人員？這種種問題都在挑戰Walgreens的傳統，卻會讓公司變得更好奇、更聰明、更有活力，即使組

織龐大，Walgreens也能安然航向未來。

　　總而言之，傑出經理人重視獨特性並非因為商業考量，而是因為他們的本性就會注意這件事。就像19世紀的浪漫詩人雪萊（Shelley）和濟慈（Keats）對個人特質著迷，傑出經理人只是對個人特質有興趣。描繪出個性的蛛絲馬跡，對某些人而言可能難以辨識，對另一些人而言可能感到沮喪，但對傑出經理人來說卻是清清楚楚，且受到高度重視。傑出經理人無法忽略這些細節，就像他們無法忽略自己的需求與慾望。找出能激發別人的動力，就是傑出經理人的天性。

三根控制桿

　　雖然浪漫主義者對於差異性相當著迷，但某種程度而言，主管必須控制他們的好奇心，綜合他們對個別員工的了解，以充分運用員工的特質。要管理好一個人，你必須了解他／她的三件事：他／她的優勢、啓動那些優勢的誘因，以及他／她如何學習。

> 你必須了解每位部屬的三件事
> ■ 他／她的優勢爲何?
> ■ 啓動那些優勢的誘因爲何?
> ■ 他／她的學習方式?

將優勢發揮至極致

想要完全了解員工的優劣勢需要時間與努力。傑出經理人付出大量時間在辦公室外到處走動、觀察每個人對事件的反應、傾聽、並在腦中記下每個人感興趣與討厭的事。這樣的觀察不可或缺，但你也可以藉著問一些簡單的開放式問題，並仔細聆聽答案來獲取個人資訊。有兩個問題特別容易看出優劣勢，而我建議你對所有新進同仁提出這兩個問題，並在日後定期詢問。

想分辨出一個人的優勢，首先詢問：「過去三個月中，那一天是你在工作中最棒的？」找出這個人在做些什麼，以及他為何這麼享受他做的事。切記：優勢並非僅僅是一件你在行的事。事實上，它可能是你現在還不在行的事，它可能只是一種偏好，一件讓你獲得根本的滿足而期盼一再重複的事，而且隨著時間經過你會變得愈來愈行。這個問題會讓你的員工開始從這個角度思考自己的興趣與能力。

而要分辨一個人的弱點，只要將問題反過來：「過去三個月中，那一天是你在工作中最糟的？」接著探究他到底做了什麼，以及什麼事讓他如此難受。

就如同優勢一般，弱點也不僅僅是你不在行的事（事實上，你或許做得游刃有餘）。它可能讓你耗盡精力，是一件你永遠不會期待去做、而當你在做的時候只想著何時能停止的事。

雖然你同時觀察員工的優劣勢，但你的重點在優勢。傳統智慧告訴我們，自我覺察是一件好事，而主管的工作是發現弱點，進而擬定計畫來克服弱點。但社會學習理論之父亞伯特・班杜拉（Albert Bandura）的研究卻顯示：自信（認知心理學家稱為自我效能感〔self-efficacy〕）才是最強的指標，可用以評估一個人能否設定崇高目標、能否在面對困境時堅持到底、能否在轉機發生時捲土重來、並在最終達成設定的目標。相反的，自我覺察從未曾顯示是這些結果的預測指標，某些時候，反而阻礙這些結果的發生。

傑出經理人似乎天生就明白這點。他們知道主管的工作，並不是讓員工冷靜而精確地了解自我優勢的極限和弱勢的負擔，而是強化員工的自信。所以傑出經理人的重點在優勢。當員工成功時，傑出經理人並不是稱讚他們工作努力，而是告訴員工，他們之所以成功是因為他們非常善於運用自己的特長，即使這樣的說法或許稍微誇大了一點。因為主管清楚知道，這

樣做會強化員工的自信，在面對挑戰時也會更樂觀、
更有復原力。

「將重點放在優勢」的方式可能會造成員工過度
自信，但是傑出經理人可藉由強調員工目標的遠大與
難度，來減少員工過度自信的情況。主管知道他們的
主要目標是在每位員工心中創造一種特殊信念：不但

> 「將重點放在優勢」的方式可能會造成員工過度自信，
> 但是傑出經理人可藉由強調員工目標的遠大與難度，
> 來減少員工過度自信的情況。

^H
^B
Managing
People
^R

可真實評估眼前障礙的困難度，又同時擁有不切實際
的樂觀，相信自己的能力可以克服障礙。

那麼如果員工失敗了呢？如果失敗並非因為她無
法控制的因素，那麼就將失敗解釋為缺乏努力，即使
這樣的解釋只有部分正確。這樣做會避免員工產生自
我懷疑，並且讓她在面對下一個挑戰時有些值得努力
的地方。

當然，若是一再失敗則表示這是弱點，這就需

要花一點力氣了。此種狀況下，有四個方法可克服弱
點。如果問題在於缺乏技巧與知識，則很容易解決：
只要給予相關的訓練、給員工一些時間以熟悉這些新
技能、觀察是否有改善的跡象。如果績效仍未改善，
你便知道她之所以失敗，是因為缺乏某些才能，這是
再多的技巧或知識訓練課程也無法彌補的缺失。你得
另尋其他方法來管理這項缺點，並抵銷它的負面影
響。

接下來我們就要看第二個克服員工弱點的策略
了。看你是否可以替她找到一個伙伴，剛好擁有她所
欠缺的特殊才能？接下來是實際執行這第二項策略的
例子。美國女裝零售店安‧泰勒（Ann Taylor）的商
品展示部副總裁茱迪‧蘭利（Judi Langley）發現她
和手下一位商品展示經理克勞蒂亞（Claudia，非眞
實姓名）的緊張關係日漸升高，因爲克勞蒂亞善於分
析的頭腦和熱切的本性讓她「什麼都想知道」。如果
克勞蒂亞在茱迪還沒有機會與她討論時就先得知一件
事，克勞蒂亞會非常沮喪。但是因爲決策的制定非常
快速，而茱迪的時程表又經常滿檔，此種情況屢見不
鮮。茱迪擔心克勞蒂亞的不安會攪亂整個產品團隊，
更別提這會讓克勞蒂亞帶給人一個滿腹牢騷的不滿者

形象。

　　若是一般主管可能會將這視爲弱點，並勸告克勞蒂亞應如何控制她對資訊的需求。但茱迪卻很明白這項「弱點」正好展現了克勞蒂亞的最大長處：善於分析的頭腦。克勞蒂亞永遠不可能控制這點，至少無法長期控制。因此，茱迪尋求適當的策略，不但能表揚和支持克勞蒂亞的求知慾，又能轉化爲生產力。茱迪決定擔任克勞蒂亞的資訊伙伴，她承諾每天結束前會留一封語音訊息給克勞蒂亞，簡述當天狀況。爲了萬無一失，他們還建立了每週兩次的面對面「聯繫」（touch base）對話。這樣的解決方案滿足克勞蒂亞的期待，並確認她會得到她想要的資訊，即使未必在她希望能得到訊息的時間，但至少在頻繁而且可預期的間隔時間內。給克勞蒂亞一位伙伴讓她的精力不再用錯地方，反而可以將她善於分析的頭腦專注於工作上（當然，大部分的情況下，伙伴應該是其他人，而不是經理人）。

　　如果完美伙伴難尋，試試這第三種策略：在員工的日常工作中導入一種機制，讓員工能夠透過紀律來完成本能所無法達到的事。我曾經遇到一位非常成功的劇作家兼導演，他一直很困擾該如何告訴其他專業

人士，如作曲家、攝影指導等，他們的作品實在未達標準。因此他設計一個大腦遊戲：他現在想像「藝術之神」會想要什麼，然後將這號虛構人物視為力量的來源。在他的腦中，他不再將他的意見強加諸於同事身上，而是告訴他自己（和其他人）這是權威第三者的意見。

若是訓練後未見改善，如果互補的伙伴行不通，或者你找不到好的規範機制，那你就得試試這第四種、也是最後一種方法：重新安排工作環境，讓他的弱點變得無關緊要，就像蜜雪兒對傑佛瑞作的事一樣。首先，此一策略需要你的創意，才能找出更有效的安排，其次是要讓新的安排付諸實行的勇氣。但是，從蜜雪兒的例子中我們可以看出，實行的結果可能提升員工的生產力以及向心力，這樣一切就值得了。

觸發優異的績效

人的優勢並非總是顯而易見，有時需要特別的觸發劑才能啟動。給予正確的觸發劑，員工會更努力敦促自己，並且在遭遇困難時仍能繼續堅持。若給予錯誤的觸發劑，員工卻可能整個停擺。這是非常微妙

的,因為觸發劑具有各種不同而神祕的形式。有一名
員工的觸發劑可能與時間有關(他是夜貓子,他只有
在下午三點以後才會精力旺盛),另一名員工的觸發
劑可能是與你(上司)相處的時間。雖然他已經為你
工作五年了,他仍需要你每天去關心他一下,否則他
會覺得被忽視。而另一名員工的觸發劑可能正好相

最具威力的觸發劑,是認可員工的貢獻,而非金錢。

反,也就是她的獨立性。她只為你工作六個月,但你
如果每個禮拜都去關心她,她會覺得你事必躬親,管
得太多了。

　　最具威力的觸發劑,是認可員工的貢獻,而非金
錢。若你不相信,你可以故意忽視公司裡最高薪的明
星員工之一,然後看看會發生什麼事。大部分主管都
意識到員工受到認可時的反應良好,而傑出經理人會
更進一步提升及延伸這樣的觀念。他們了解每位員工

都需要不同的觀眾，要扮演好一位優秀的主管，你必須要替員工找到他最在乎的觀眾。一位員工的觀眾可能是他的同事；讚美他的最好方式是請他在同事面前起立，並公開表揚他的成就。另一位員工的最佳觀眾可能就是你；最強而有力的認可就是你和他的一對一談話，悄悄卻明明白白地告訴他，他是如此有價值的團隊成員。再一位員工則可能以自己的專業來定義自己；他最感到驕傲的認可形式可能是一些專業或技術獎項。還有一位員工可能最重視顧客的回饋，在這樣的情況下，一張最佳顧客與她的合照，或者是顧客寫給她的信，都是對她的最大肯定。

　　量身訂製的個別化讚美需耗費大量個人注意力，這通常是經理人的責任，但組織也可如法炮製。沒有理由一家大型企業就不能採取此種個人化的認可方式，並將其用於每位員工身上。在我所接觸的公司當中，總部在倫敦的匯豐銀行（HSBC）北美分部做得最好。每年北美分部會頒發夢幻獎（Dream Awards）給在個人消費貸款方面表現傑出者，而每一位獲獎者會收到一份獨特的獎品。在這一年當中，主管會詢問員工，若他們獲勝，他們最希望收到的獎品。獎品的金額上限是一萬美元，而且不能兌換現金，但除了這兩

項限制之外，員工可以任意挑選想要的獎品。每年年底，公司會舉辦夢幻獎頒獎大會，會中會播放獲獎員工的影片，說明他為何選這項特別的獎品。

你可以想像這些個人化獎品對匯豐銀行員工帶來何種影響。一方面你可以上台領到獎牌，而且除了公開表揚你的成就之外，你可以領到孩子的大學教育基金，或是你夢想已久的哈雷機車（Harley-Davidson motorcycle），又或者是你和家人飛回墨西哥去拜訪十年未見祖母的機票。這至今是公司員工仍津津樂道的獎品。

依學習風格量身訂製

雖然有許多不同的學習風格，但仔細檢視成人學習理論後發現，有三種風格特別常見。這三種風格並不互斥：許多員工會綜合採取其中兩種方式，甚至同時採取三種。無論如何，敏銳觀察每位員工的學習風格，有助於調整你的指導方式。

首先是分析（analyzing）。安・泰勒零售店的克勞蒂亞就是一位分析者（analyzer）。她了解一項工作的方式就是，將其拆解、檢視每一項組成、再將其重新組合。因為組成工作的每一項要素對她而言都很重

要，所以她渴望資訊，她必須吸收與一項主題相關的
所有資訊後，她才會覺得安心。如果她覺得資訊不充
分，她會一直挖掘，直到她得到她想要的。她會閱讀
指定的作業，也會上指定的課程，而且她會做完整筆
記。她會研究，而且會要更多。

　　指導分析者最好的方式就是，讓她有足夠的時
間待在教室裡，與她進行角色扮演，和她一起做事後
分析的練習，將她的工作分拆成各項組成要素，以便
讓她能仔細地重組工作要素，總是給她足夠的準備時
間。分析者厭惡錯誤。一般認為錯誤才能驅動學習，
但對分析者而言，這並不正確。事實上，她認真準備
的原因，就是要盡可能降低錯誤發生的機率。所以如
果把她丟進一個全新的環境，並告訴她要見機行事，
那麼你不要期望她會學到多少。

　　第二種學習風格正好相反，有就是做（doing）。
對分析者而言，最強有力的學習時刻發生在執行前；
但對實踐者（doer）而言，最強有力的學習時刻卻是
在執行「中」。嘗試錯誤是必要的學習過程。蜜雪
兒‧米勒店裡的傑佛瑞即是一位實踐者。當他自己試
圖將事情弄清楚時，他學得最快。對他而言，準備是
一件枯燥無趣的事。所以對於像傑佛瑞這樣的人，與

其和他進行角色扮演，還不如從他的工作中挑選一項特定任務，簡單而真實，讓他知道你想要何種結果，然後就放手讓他做。接著逐漸加深每項任務的複雜度，直到他已經精通工作內容中的每一項任務。過程

永遠記住，好的管理是釋放一個人的能力，
而非強迫轉型。

中他可能犯錯，但對實踐者而言，錯誤是學習的原料。

最後是觀察（watching）。觀察者無法透過角色扮演學習，也無法邊做邊學。由於一般正式的訓練課程都包含這兩項要素，觀察者往往被視為拙劣的學生。這或許不容否認，但觀察者卻並必是拙劣的學習者。

觀察者如果有機會目睹整個工作過程，他們將獲益良多。對觀察者而言，學習整體任務中屬於個人部

分的工作，就像學習整張數位相片中的每一畫素。對
這一類型的學習者來說，真正重要的是每一畫素的內
容，以及每一畫素與其他畫素的相對關係，而觀察者
只有在看到整張照片時才能夠學到這一點。

這剛好就是我的學習方式。我幾年前剛開始進
行訪談時，一直無法學好撰寫一篇人物訪談報告的技
巧。我明白所有的必要步驟，卻無法將其組合在一
起。我有些同事可以在一小時內寫出一篇報告，而我
卻得花掉大半天的時間。然後，某一天下午，當我正
對著我的錄音機愁眉苦臉時，我不小心聽到鄰桌分析
師的聲音。他說得很快，剛開始我還以為他在講電
話，幾分鐘之後我才知道他在口述一份報告。這是我
第一次聽到別人「在工作」。我的確看過無數次他們
完成的報告，因為讀別人的報告應該是我們學習的方
式，但我從未實際聽過其他分析師產出報告的過程。
這是一場展示。我終於看到所有東西如何組合成一個
彼此連貫的整體。我記得我拿起錄音機，模仿鄰桌分
析師的音調，甚至口音，然後感覺到字句開始自然流
出。

如果你試圖教導觀察者，最有效的方法是將他拉
出教室，讓他遠離手冊，並讓他擔任你最有經驗員工

的副手。

....

　　我們已經看到，在蜜雪兒・米勒以及茱迪・蘭利這些傑出經理人的例子當中，他們成功的主要核心在於他們對個別差異的欣賞。這並不是說主管不需要其他的技巧，他們要能夠雇用好的人才、設定預期、並與他們自己的上司互動良好等等。但他們所做的像是在下西洋棋，是直覺式的。一般經理人假設（或希望）他們的員工都能被相同的事情激勵、追求相同的目標、渴望相同的關係並且以大致相同的方式學習。他們定義員工該有的行為，並告訴員工必須培養那些並非天生的行為。他們稱讚那些能夠克服與生俱來的風格，調整為符合既定想法的人。簡而言之，他們相信主管的工作是將每位員工塑造，或轉換成完美角色的人。

　　傑出經理人並不試圖改變一個人的風格。他們未曾試圖強迫騎士變得和主教一樣。他們明白員工在許多方面的差異：想法、建立關係的方式、利他的程度、耐心、追求專業的程度、準備的程度、動力、挑戰、以及他們的目標。這些特質上與才能上的差異就

像血型：跨越種族、性別、年齡等表面上的差異，而捕捉到每個人最根本的獨特性。

如同血型，大部分的差異是持久且難以改變的。主管最珍貴的資源就是時間，而傑出經理人知道如何有效投資他們的時間在分辨出每位員工的獨特之處，接著才能知道如何以最好的方式將這些特質納入整體規畫。若想善加管理他人，你必須將這樣的觀念帶到你的行動與互動中。永遠記住，好的管理是釋放一個人的能力，而非強迫轉型。要持續調整你的環境，讓每位員工的獨特貢獻、獨特需求以及獨特風格都能得到釋放。主管的角色能否成功，幾乎全仰賴你是否具備此項能力。

（吳佩玲譯自 "What Great Managers Do," *HBR*, March 2005）

Managing People

當員工相信管理者的決策流程是公平的，
即使他們不認同決策，也會致力落實。
這聽起來很簡單，但多數組織
缺乏公平的流程。其實，
管理高層可以創造公平的流程，
讓管理者維持誠信，也培養
員工的信任。在知識經濟下，
公平的流程便成為一項強大的管理工具。

第 六 章

建立公平的流程：
知識經濟下的管理

Fair Process:
Managing in
the Knowledge
Economy

HBR

金偉燦
W. Chan Kim

金偉燦是歐洲工商管理學院
（INSEAD）的國際管理教授。

芮妮·莫伯尼
Renée Mauborgne

芮妮·莫伯尼是歐洲工商管
理學院的傑出學者及策略與
管理特聘教授。

金偉燦和莫伯尼合著《藍海
策略》。

如果員工不信任主管能作出好的決定，或者不相信主管行事誠信，員工的工作動機就會嚴動受損。他們對主管的不信任與隨之而來的欠缺向心力，在大多數組織中，都是未曾獲得注意的重大問題。這個議題一直都很重要，但現在比過任何時候都還要重要，因爲以知識爲基礎的組織，完全仰賴員工的努力投入和構想。

可惜的是，我們無法讓組織裡所有的經理人都神奇地做到誠信，或具備良好的判斷力。但是，高階主管有可能建立一些流程，協助經理人保持誠實，同時也有助於建立員工的信任。在本文中，金偉燦和莫伯尼說明的就是這樣一種流程，本文是根據他們探究信任、分享構想、企業績效之間關聯性的研究結果而寫成的。他們最主要的研究發現是，若是員工相信經理人採用的決策流程是公平的，那麼即使他們不同意那個決策，仍會努力執行經理人的決策。這聽起來似乎很簡單，但大多數組織並沒有執行公平的流程。正因如此，他們從不知道自已錯過了多少構想和行動方案。

倫敦警察對開車違規轉彎的女子開罰單，女子抗議路上並沒有路標顯示禁止轉彎，員警指給她看，但

是那個路標已彎曲變形，而且從路上也很難看到。女子決定上訴，交由法院審理。終於等到開庭日那天，女子已迫不及待想替自己申冤，但是她才剛開始陳述事件的始末，法官就止住她，直接判她勝訴。

這位女子作何感想？她證明自己清白了嗎？獲勝了嗎？滿意了嗎？

不，她感到失望，非常不悅。「我是來尋求公平正義的。」她抱怨，「但法官根本沒聽我解釋事件的始末。」換句話說，她喜歡結局，但不喜歡造成結局的過程。

經濟學家為了建立理論，假設每個人都是追求最大利益，主要是因為一般人都會理性地盤算一己私利。也就是說，經濟學家假設大家都只在意結局。後來，這個假設也逐漸融入許多的管理理論與實務中。例如，在經理人傳統用來掌控和激勵員工行為的工具裡（從獎勵措施到組織架構），都可以看到這個假設的影子。但是經理人如果能重新檢視這個假設會更好，因為我們都知道，在現實生活中，這種假設不見得都是對的。大家的確都很在乎結局，但是就像那名倫敦女子一樣，大家也很在乎產生那結局的過程。他們希望自己有發言權，希望自己的觀點即使可能遭到

否決也會獲得考量。結局是很重要沒錯,但產生結局的流程是否公平更加重要。

對經理人來說,如今公平流程的概念變得空前重要。當公司努力從生產導向,轉變為愈來愈依賴構想和創新來創造價值的知識經濟時,公平流程變成強大的管理工具。公平流程深深地影響攸關績效的態度和

> 公平流程深深地影響攸關績效的態度和行為,
> 可以培養信任,釋放創意。

行為,可以培養信任,釋放創意。有了公平流程,受到感召的員工會自願合作,即使目標再怎麼吃力、困難,經理人都能達成。缺乏公平流程時,即使是員工喜歡的結局也難以實現,以下這家電梯製造商(姑且稱之為艾科〔Elco〕)的經驗就是一例。

結局好,流程也要公平

1980年代末期,辦公大樓供過於求,導致美

國一些大城市的空樓率高達20%，電梯業的業績持續下滑。艾科眼看國內市場對其產品的需求日益萎縮，知道必須改善經營，於是決定淘汰批量製造系統（batch manufacturing），改採單元製造方式（cellular manufacturing），讓自治的小組各自達到優越的績效。在電梯業不景氣下，管理高層覺得企業轉型必須儘速完成。

艾科因欠缺單元製造方式的專業，請一家顧問公司來規畫轉型的總體計畫。艾科請顧問加速規畫，但盡量不要干擾員工。新的製造系統會先安裝在艾科的切斯特工廠，那座工廠裡的勞資關係極其融洽，1983年員工還解散了工會。後續，艾科會把計畫推廣到高園廠，那裡有強大的工會，可能會抵制這項改變或其他的改變。

切斯特廠有個備受眾人愛戴的廠長，在廠長的領導下，切斯特廠在各方面都稱得上是模範工廠。切斯特員工的知識和熱情，總讓來訪的顧客留下深刻的印象，所以艾科的行銷副總裁認為這家工廠可作為艾科的行銷利器，他表示：「只要讓顧客和切斯特工廠的員工談過，他們離開時都覺得選購艾科的電梯是明智之舉。」

　　但是1991年元月的某天，切斯特廠的員工來上班時，發現廠內來了一批陌生人。這些穿深色西裝、白襯衫，打領帶的人是誰？他們不是顧客，每天都來工廠，低聲交談，也不跟員工互動，只在員工背後逗留，寫筆記，畫些奇怪的圖表。謠言也盛傳，員工下班以後，這些人會聚在廠房裡，窺探員工的工作台，熱烈地討論。

　　這段期間，廠長常不見蹤影，他需要經常到艾科的總部和顧問開會。那些會議是刻意安排在工廠之外，以免分散員工的注意力。但是廠長不在工廠，反而產生了反效果，大家開始焦慮不安，不解這艘大船的船長為何突然棄他們而去，謠言愈演愈烈。大家開始相信顧問是來縮編工廠的，他們確信自己即將失業。廠長老是不見蹤影（顯然是在迴避他們），又沒提出任何解釋，可見資方「有意欺騙我們。」切斯特廠裡的信任與責任心迅速消失，不久，有人拿來全國各地其他工廠在顧問協助下關廠的剪報，員工覺得他們即將成為資方跟隨管理風潮的受害者，因此心生怨念。

　　事實上，艾科的經理人並無意關廠，他們只是想削減浪費，讓大家有更多的餘裕可以提升品質，為新

的國際市場生產電梯，但工廠的員工不可能知道資方
有這樣的盤算。

令員工焦慮的總體計畫

　　1991年3月，經理人把切斯特的員工群聚在一個
大房間內，正式介紹這些顧問給大家認識，這時距離
顧問首次出現在工廠內，已經過了三個月。在此同
時，經理人也向員工宣布改變切斯特廠的總體計畫。
在30分鐘的會議中，員工聽到他們傳統的工作方式即
將廢除，改換「單元製造」方式。沒人說明為什麼需
要改變，也沒人確切說出公司期待員工在新的體制下
做到什麼。其實經理人並無意迴避這些問題，他們只
是覺得沒時間詳細說明罷了。

　　員工錯愕地呆坐在現場，經理人誤以為他們的沉
默就表示接受了，忘記自己身為領導人也花了好幾個
月才接受「單元製造方式」及其改變。會議結束後，
經理人感到滿意，以為員工都支持這項計畫。他們心
想，有這麼一批稱職的員工，新體制的落實肯定會很
順利。

　　總體計畫確定後，經理人開始迅速改變工廠的格
局。當員工問及變更格局的目的是什麼時，高層的回

應是「提升效率」。經理人沒時間解釋為什麼需要提升效率，他們不想讓員工擔心。但是有些員工不知道什麼事情即將發生在他們身上，開始覺得每天來上班都很痛苦。

經理人告訴員工，以後考績不再看個人績效，而是看小組的整體績效。他們說動作較快或比較有經驗

> 當流程公平時，不管個人在體制中是受惠或吃虧，
> 個人最有可能相信體制，欣然地合作。

的員工，必須幫助動作較慢或經驗不足的員工，以補救進度，至於細節如何，則未進一步說明。高層沒清楚透露新體制該如何運作。

其實，新的小組設計可為員工帶來很多好處，讓他們更容易安排假期，又有機會擴充技能，參與更多元的工作。但因為改變的流程缺乏信任，員工只看到新體制的缺點，開始把恐懼和怒氣遷怒到彼此身上。廠房開始爆發打鬥事件，因為員工拒絕幫「做不完分

內工作的懶人」，或是把別人的幫忙解讀成多管閒事，還回嗆：「這是我的工作，你管好你自己的工作就好。」

切斯特廠的模範勞工團隊開始分崩離析。廠長首次遇到員工不願聽從指示，甚至揚言即使遭到開除也不願接受交辦的任務。他們覺得再也無法信任這位曾經備受眾人愛戴的廠長，開始跳過他，直接向總部的老闆申訴。

接著，廠長宣布新的小組設計可讓員工組成自治小組，淘汰以往的主管角色。他想像切斯特廠將成為未來工廠的典範，員工都獲得充分的授權，成為企業的代理人，他期待員工也樂見這樣的遠景。但事與願違，員工只覺得困惑不解，他們不知道在新環境中如何把事情做好。少了主管以後，萬一庫存材料不足或機器故障怎麼辦？所謂的充分授權，是指團隊可以自己決定加班，處理重做之類的品質問題，或添購新車床嗎？員工不知道該如何把事情做好，覺得這改革注定失敗。

改革暫停

到了1991年夏天，成本和品質指標都持續惡化，

員工甚至開始討論要恢復工會。最後，廠長失望之餘，打電話給艾科的產業心理學家求助，「我需要你的幫忙，」他說，「工廠已經不聽指揮了。」

心理學家對員工進行意見調查以了解問題所在，員工抱怨：「經理人不在乎我們的想法或意見。」他們認為公司對他們不夠尊重，彷彿他們不需要了解公司的營運狀況似的。「他們不想花心思告訴我們公司將往哪個方向發展，還有那對我們的意義是什麼。」他們覺得非常困惑，對公司充滿了不信任，「我們不知道經理人究竟指望我們在這種小組編制中做到什麼？」

什麼是公平流程？

從古至今，作家與哲學家常談公正這個主題，不過有系統地研究公平流程是從1970年代中期開始的，當時兩位社會學家約翰·提伯（John W. Thibaut）和勞倫·沃克（Laurens Walker）對公正的心理很感興趣，把那興趣和流程的研究結合在一起。他們把焦點放在法律方面，他們想了解是什麼原因讓人信任某種法律體制，使他們不必受到脅迫就乖乖守法。他們的研究證實，大家很在意造成結局的流程是否公正，而

且在意的程度不亞於對結局本身的關注。湯姆‧泰勒
（Tom R.Tyler）和艾倫‧林德（E.Allan Lind）等研究
者後來也證實，不同的文化與社會都很重視公平流
程。

　　十幾年前，我們在研究多國籍企業的策略決策
時，發現管理中也有公平流程的問題。許多多國籍企
業的高階經理人對於分公司的資深經理人感到失望不
解。那些分公司的經理人為何不常把資訊與想法告訴
高層呢？為什麼他們明明答應落實計畫，卻破壞計畫
的執行？我們研究了19家公司，發現流程、態度與
行為之間有直接相關。當經理人相信公司的公平流程
時，他們會展現高度的信任與責任感，積極合作。相
反的，經理人覺得缺乏公平流程時，就會隱瞞想法，
事情拖著不做。

　　在後續的實地研究中，我們探索公平流程在其他
商業情境中的重要性，例如正在轉型的公司、參與產
品創新的小組、公司與供應商的伙伴關係等等。（見
邊欄：「了解福斯汽車和西門子利多富的非理性行
為」）。如果公司有心運用忠誠的經理人與員工的活
力和創意，我們從公平流程的研究中所獲得的主要心
得是：當流程公平時，不管個人在體制中是受惠或吃

了解福斯汽車和西門子利多富的非理性

經濟理論充分解釋了人類行為的理性面，卻無法解釋人類面對正面的結局時，為什麼會產生負面的反應。公平流程為經理人提供了一套行為理論，以解釋（或幫忙預測）這種令人費解的非經濟或非理性行為。

以德國車廠福斯汽車（Volkswagen）為例。1992年福斯正在墨西哥的普埃布拉州（Puebla）擴廠，那也是福斯在北美的唯一生產廠址。之前因為德國馬克對美元升值，高價把福斯汽車擠出美國市場，但1992年北美自由貿易協定（NAFTA）生效後，福斯的墨西哥廠憑著成本效益的優勢，可望重新奪回龐大的北美市場。

1992年夏天需要敲定新的勞工協定，福斯和工會的秘書長簽署的協定裡，慷慨地為員工加薪了20%，福斯以為員工應該會很滿意。

但是工會的領導人並未讓員工參與討論合約的條件，沒好好溝通新協定對員工的意義，也沒說明為什麼有些工作規章的改變是必要的，員工不懂工

行為

會領導人的決策依據，覺得自己被出賣了。

　　7月21日員工集體罷工，令福斯高層相當錯愕，據估計公司每天因此損失高達一千萬美元。8月21日，約300名抗議者遭警犬攻擊，政府被迫介入以終止暴力衝突。福斯進軍美國市場的計畫也因此半路生波，營運績效大幅受損。

　　相反的，歐洲最大資訊科技供應商西門子利多富資訊系統公司（Siemens-Nixdorf Informationssgeteme，簡稱SNI）則是扭轉了頹勢。1990年西門子收購營運不良的利多富電腦公司，成立SNI。1994年，SNI把員工人數從52000人裁減為35000人，公司裡彌漫著焦慮與恐懼。

　　1994年，新任的執行長傑哈·舒麥爾（Gerhard Schulmeyer）竭盡所能地接觸許多員工，在連串舉行的大小會議中，他總共和11000多人分享他推動改革的使命，拉攏每個人一起參與扭轉公司的營運。他一開始先坦白說明SNI的慘澹處境：即使公司努力削減成本，目前仍在虧損狀態。公司還需要再進一步地削減

成本，每個事業都必須展現生存能力，否則只好淘汰。舒麥爾為決策方式設下清楚、嚴格的規範，接著他號召自願者貢獻改革的點子。

　　三個月內，最初僅三十人的自願小組規模逐漸擴大，新增了75位高階主管和三百位員工。這405位改革推動者又積極招募其他人一起來拯救公司，使人數很快又增為一千人，接著是三千人，最後多達九千人。在整個過程中，他們針對影響經理人及員工的決策，持續徵詢雙方的意見，雙方都很清楚決策的方式。公司也公開徵求自願負責推動及資助推動那些意見的高階主管，如果意見未獲得任何高階經理人的認同，就不會推行。雖然有20%～30%

虧，個人最有可能相信體制，欣然地合作。

　　公平流程是回應一種基本的人性需求。每個人不管在公司裡扮演什麼角色，都希望被當成有血有肉的人來尊重，而不是「人事」或「人力資源」。我們希望別人尊重我們的才智，正視我們的想法，我們也想了解特定決策背後的理論依據。大家對公司決策流程

的意見遭到否決，員工覺得程序很公正。

　　大家自願參與，大多是利用下班時間，通常一直做到半夜。經過兩年多一點的時間，SNI終於轉型，成為歐洲企業史上的知名轉型案例。儘管累計虧損高達20億馬克，1995年SNI已經開始出現盈餘。這段期間儘管改革激進又辛苦，員工的滿意度幾乎提高一倍。

　　為什麼福斯汽車面臨樂觀的經濟局勢，員工卻反彈？SNI面臨悲慘的經濟局勢，卻能逆勢扭轉？重點不在於這兩家公司做了什麼，而是在於他們是怎麼做的。這兩個例子顯示公平流程的強大威力：決策和執行流程的公平。公平流程深深影響了攸關績效的態度和行為。

所傳達的訊號都很敏感，那些流程會透露出公司是否有意願信賴員工，向員工徵詢想法。

公平流程的三大原則

　　在我們研究的各種管理情況中，我們都請大家提出公平流程的基礎。無論是問高階經理人，還是賣場

人員，他們的回答中一再出現三個相輔相成的原則：
參與、解釋、清楚的期許。

「參與」意指讓每個人參與決定影響他們的決
策，做法是徵詢他們的意見，並且讓人人都有權否決
他人的構想和假設。讓大家「參與」，可傳達經理人
對個人及其想法的尊重。鼓勵大家提出反駁，可使大
家的思考更敏銳，集思廣益。「參與」可使經理人做
出更好的決策，讓眾人更努力執行決策。

「解釋」意指每個參與及受影響的人，都應該了
解最後的決策是怎麼來的。解釋決策背後的思維，可
讓人們相信經理人已經考慮過他們的意見，而且是為
了公司的整體利益而客觀地做出那些決策。解釋可以
讓員工相信經理人的意圖，即使員工意見遭到否決也
不受影響。解釋也是促進學習的強大意見回饋迴圈。

「清楚的期許」是指一旦做了決策，經理人必
須清楚地陳述新的遊戲規則。雖然期許可能很高，但
員工應該一開始就知道公司會以什麼標準來評斷他
們，萬一失敗會有什麼罰則，新目標與階段性目標是
什麼，誰該負起什麼責任。為了達到公平流程，「新
規則與政策是什麼」比較不重要，「員工清楚了解它
們」比較重要。當大家清楚了解公司對他們的期許

時，政治角力和徇私偏袒的情況減少了，員工可以把焦點放在眼前的任務上。

注意，公平流程不是尋求共識來做決策。公平流程也不是為了追求和諧，或者尋求眾人的支持，而做出妥協和讓步，把每個人的意見、需求和利益全都納入考量。公平流程雖然讓大家都有機會提出意見，但真正驅動決策的是可以獲得很多意見的這個優點，而不是共識。

公平流程也不是指職場的民主，達到公平流程不表示經理人放棄決策權，以及制定政策與流程的權力。公平流程是尋求最佳構想，不管那些構想是個人或多人提出的。

「我們真的搞砸了」

艾科的經理人在切斯特廠違反了公平流程的三大基本原則。他們沒讓員工參與直接影響他們的決策；也沒解釋決策方式，以及那些決策對員工的職業生涯與工作方式有何影響；他們也沒清楚說明在單元製造方式下，公司對員工有何期許。在缺乏公平流程下，切斯特廠的員工拒絕轉型。

心理學家完成意見調查一週後，管理高層邀請

員工開會，二十人一組。員工猜測經理人可能會假裝不知道意見調查，或是指責員工發牢騷就是對公司不忠。但他們意外發現，會議一開始經理人就原原本本地提出意見調查的結果，並宣布：「我們錯了，真的搞砸了，一時的匆促與無知讓我們沒按照適當的流程來進行。」員工都不敢相信他們親耳所聞，紛紛在後排低語：「他們究竟在說什麼？」在後續幾週，管理高層召開了二十幾場會議，一再對員工坦承錯誤。一位經理人說：「一開始沒人打算相信我們，因為我們錯得太離譜了。」

在後續的會議上，管理高層讓員工知道公司未來的前景慘澹，可選的出路有限。如果不削減成本，艾科就必須提高售價，但提高售價會讓銷售進一步萎縮，生產進一步縮減，甚至把生產移到海外。大家聽了以後紛紛點頭，了解了公司的困境，如此一來，公司的困難變成了他們的困難，不只是讓管理高層頭痛的問題而已。

不過，仍有一些事情令員工掛心：「如果我們幫忙削減成本，學習以一半的時間生產品質加倍的電梯，會不會反而讓自己失業了？」對此，經理人提出他們打算增加美國海外銷售的策略，同時宣布一項新

政策，名叫「積極時期」（proaction time）：公司不
會因為員工的任何改進而裁員。員工可利用多出來的
時間，參加跨領域的培訓課程，讓他們學會與營運有
關的所有領域所需的技巧。或者，員工也可以擔任解
決品管問題的顧問。此外，管理高層也同意在營運好
轉以前，不會招募新員工來取代離職的員工。不過，
管理高層也明白指出，萬一公司的營運持續惡化，他
們依舊保有裁員的權力。

　　員工可能不喜歡他們聽到的這些話，但他們可以
理解公司的意思。他們開始明白，艾科的成敗是他們
和管理高層共同的責任。如果他們能改善品質和生產
力，艾科可以為市場提供更多的價值，避免業績持續
下滑。為了讓員工相信他們沒被誤導，管理高層也保
證經常和他們分享銷售、成本、市場趨勢等資料　這
也是重建信任與向心力的第一步。

　　艾科的經理人無法抹除過去的錯誤，但他們可
以讓員工參與未來的決策。經理人詢問員工為什麼覺
得單元製造方式不可行，如何改進。員工建議改變材
料的存放地點、機器的放置地點，以及任務的處理方
式。他們開始分享知識，進而重新設計小組，績效持
續改善，往往大幅超越顧問原先的預期。隨著信任與

向心力的恢復，員工也不再提起有意恢復工會的事
了。

高園廠的好轉

在此同時，艾科的管理高層擔心，若把這種新的
工作方式引進向來抗拒改變的高園廠，不知道會發生
什麼事。高園廠的工會很強勢，那裡有些員工的年資
長達25年。而且高園廠的廠長是個年輕的工程師，
剛進高園廠不久，以前沒管過工廠，情勢看來似乎對
他很不利。如果在切斯特廠推動改革都引起員工反感
了，換成高園廠就更不用說了。

但管理高層擔心的狀況並沒有發生，顧問來到
高園廠時，廠長向全體員工介紹他們。在連續多次的
全廠會議中，公司的管理高層公開討論工廠的經營狀
況，以及持續衰退的營業額和獲利。他們解釋他們參
觀過別家公司的工廠，看到單元製造方式提高了生產
力。他們也宣布「積極時期」政策以安撫員工的裁員
恐懼。在高園廠，經理人鼓勵員工幫顧問規畫新的製
造小組，也鼓勵大家熱烈地辯論。公司揚棄了老舊的
績效評估方式，經理人與員工一起開發出新的績效評
估方法，以確定製造小組的新責任。

不公的代價

以往，為了在組織裡建立公平流程而設立的政策，主要是因為員工抱怨和抗議才制定的，但是等員工抗議才制定都為時已晚。當個人因為體制欠缺公平流程而氣到發起抗議時，他們想要的通常已超出合理範圍，變成渴望進行理論家所謂的「報復性正義」：他們不僅希望恢復公平流程，也希望違反公平流程的人受到懲罰和報復，以補償程序不公對他們的不尊重。

員工對管理高層缺乏信任，極力要求制定極其詳盡、僵化、壓縮管理權限的政策。他們想確定管理者不再有權做出不公的決定。在憤恨之餘，他們可能想要推翻強加在他們身上的不公決策，即使那些決策本身是好的，即使決策對公司的競爭力或員工本身的利益很重要，他們還是想要推翻。那就是流程不公可能激發的情緒威力。

當管理者把公平流程視為麻煩或限制其管理自由時，他必須了解，違背公平流程可能對公司的績效帶來最嚴重的破壞，報復的代價可能非常高昂。

每天，高園廠的廠長都在等候預期的大反彈，但從來沒有發生。當然，員工難免有一些抱怨，不過即使大家不喜歡那些決策，但仍覺得自己受到了公正的對待，願意參與扭轉工廠的營運。

三年後，我們再度回到當地一家超人氣的餐廳，和那兩個工廠的員工對談。現在兩家工廠的員工都覺得單元製造方式是較好的模式。高園廠的員工語帶推崇地談起他們的廠長，也很同情艾科的經理人改採單元製造方式時遇到了困難，他們覺得那是必要、值得、正面的體驗。但切斯特廠的員工描述艾科的經理人對待他們的方式時，充滿了憤怒（見邊欄：「不公的代價」）。對他們來說，就像那位被開罰單的倫敦女子一樣，公平流程即使不比結局重要，也和結局一樣重要。

知識經濟裡的公平流程

公平流程可能聽起來像軟性議題，但是經理人若想調整企業以因應知識經濟的需求，就必須了解它的重要。知識不像土地、勞力、資本等傳統的生產要素，它只存在人類的大腦裡。創造與分享知識是無形的活動，無法監督，也無法強迫任何人做到，只有在

公平流程是知識工作的關鍵

在廠房裡很容易看到公平流程發揮效用，廠內一旦違背公平流程，就會出現十分明顯的狀況，例如罷工、怠工、瑕疵率高等等。但公平流程對專業工作與管理工作有更大的影響，因為創新是知識經濟的關鍵挑戰，創新需要交流構想，交流構想有賴彼此的互信。

管理高層和專業人士鮮少參與罷工，但是當他們不信任別人時，常會拒絕充分合作，也不願分享構想。在知識工作中，漠視公平流程會使很多構想遭到埋沒，員工消極被動，造成很大的機會成本，例如：

組成一個跨部門小組來開發重要的新產品。由於小組是由公司各大部門的代表組成，理論上應該可以開發出更創新的產品，減少內耗，縮短投產的準備時間，降低成本。但小組開會時，大家拖延遲疑。例如一家電腦製造商開發新的工作站，管理高層費心安排傳統的管理方式，規劃不錯的獎勵方

案，定義專案的範圍與架構，配置適當的資源。然而，每個人想要的信任、構想交流、投入努力卻未曾實現，爲什麼？專案推動的初期，小組裡製造部與行銷部的代表建議製作產品的原型，但負責推動專案的設計工程組非常強勢，對他們的建議置之不理。隨後，問題出現了，因爲設計很難製作，應用軟體也不足。製造部與行銷部的代表一直知道問題的存在，卻不願向強勢的設計工程師反應他們的擔憂，而是等問題自己出現，那時要解決問題的代價已經太高了。

兩家公司合組一家爲雙方提供明顯利益的合資企業，但之後雙方各懷鬼胎，造成這項合作只爲雙方創造有限的效益。例如，某歐洲工程集團的中國合資伙伴刻意隱瞞客戶端的關鍵資訊，沒告知顧客安裝伙伴公司的產品時出了問題，對於客人要求新的產品功能也置之不理。即使不合作會損及自家的

事業，為什麼中國伙伴還是不願充分合作？

在合夥之初，中國方面就覺得他們遭到對方的排擠，無法參與關鍵產品和營運的決策。更糟的是，歐洲方面從來不解釋他們的決策邏輯。當中國人刻意隱瞞關鍵資訊時，日益失望的歐洲人也以牙還牙，減緩傳授中國人亟需的管理知識。

兩家公司建立供應商伙伴關係，以較低成本創造更高的價值。他們同意像一家公司那樣合作無間，但供應商似乎花更多的精力開發其他的客戶，而不是讓合夥關係更加深厚。例如某消費品製造商本來應該在某大食品零售商安裝「聯合電子消費者反應資料系統」，卻一拖再拖。那套系統可以為雙方大幅改善存貨管理，但供應商卻考慮再三，遲遲不肯投資，為什麼？因為那家零售商以前曾經毫無理由地停止採購這家供應商的某些產品，那家消費品公司無法理解零售商指定「首選供應商」的含糊標準。

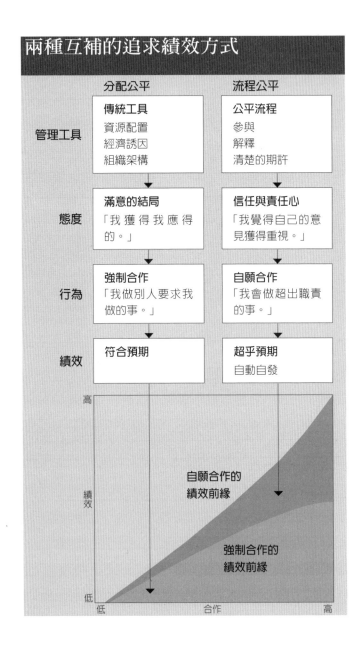

兩種互補的追求績效方式

	分配公平	流程公平
管理工具	**傳統工具** 資源配置 經濟誘因 組織架構	**公平流程** 參與 解釋 清楚的期許
態度	**滿意的結局** 「我獲得我應得的。」	**信任與責任心** 「我覺得自己的意見獲得重視。」
行為	**強制合作** 「我做別人要求我做的事。」	**自願合作** 「我會做超出職責的事。」
績效	**符合預期**	**超乎預期** 自動自發

自願合作的
績效前緣

強制合作的
績效前緣

高

績效

低

低　　　　　　合作　　　　　　高

對方自願合作時才可能發生。誠如諾貝爾經濟學家弗里德里希‧海耶克（Friedrich Hayek）所言：「幾乎每個人都擁有獨特的資訊。」只有在「他主動合作」時才能利用那些資訊。獲得那樣的合作很可能是往後數十年的一大管理議題（見邊欄：「公平流程是知識工作的關鍵」）。

20世紀初，弗雷德里克‧溫斯洛‧泰勒（Frederick Winslow Taylor）開始研究許多工具以提升效率和一致性，他的做法是控制個人行為，並強迫員工遵循經理人的指令，而不是靠員工自願合作。傳統的管理學是以泰勒的工時研究（time-and-motion studies）為基礎，鼓勵經理人優先關注資源配置，設立經濟動機與獎勵，追蹤與衡量績效，規畫組織架構以設立權限。這種傳統的管理方式依舊可以發揮效用，卻無法鼓勵積極合作。它們主要追求的是結局公平，或社會學家所謂的「公平分配」，那種心理的運作方式如下：當大家獲得應得的補償或資源，或在機構層級中的地位時，就對結局感到滿意了，並以履行對公司的義務作為回報。流程公正（或流程正義）的心理則截然不同，流程公正可培養信任和向心力，進而促使大家自願合作，自願合作可提升績效，讓人在

本身職責之外分享知識、發揮創意。在我們研究的
各種管理情境中，無論是什麼任務，我們都一再看
到這種動態發展（見表：「兩種互補的追求績效方
式」）。

以伯利恆鋼鐵公司（Bethlehem Steel Corporation）

公平流程可培養信任和向心力，進而促使
大家自願合作，自願合作可提升績效，讓人在本身
職責之外分享知識、發揮創意。

H
B
Managing
People
R

雀點分部（Sparrow Point）的轉型為例，這個位於馬
里蘭州的分部是負責行銷、銷售、生產、財務績效的
事業單位。在1993年以前，這個有106年歷史的分部
都是採用傳統的命令控制模式。大家只做上級要求的
事，不多不少，經理人和員工認為彼此是對立的。

　　1993年伯利恆鋼鐵公司引進一種新的管理模式，
和雀點的模式截然不同，差異大到連泰勒可能也認
不出來（泰勒在一百年前擔任那家公司的顧問工程
師）。新的管理模式是為了激發員工的責任感，讓他

們和彼此及經理人交流知識與想法。那也是為了鼓勵他們主動完成任務，誠如雀點五個工會之一的會長喬‧羅索（Joe Rosel）所說的：「這一切都是為了做到員工參與，決策正當有理，以及設定清楚的期許。」

在雀點，員工在三個層級參與制定決策及執行決策。最上層是聯合領導小組，由資深經理與五名員工代表組成，負責處理涉及全公司的議題。在部門層級則是各領域的小組，由主管和廠內不同領域的員工組成，例如區域委員會的成員。這些小組負責處理日常的營運問題，例如客服、品質、後勤等等。第三層是臨時問題解決小組，處理現場發生的機會和障礙。在每個層級，小組成員會交流與討論想法，所以員工都有機會對可能影響他們的決策，提出個人觀點。除了涉及重大變革或需要投入大量資源的決策以外，每個小組都可以自行制定決策及執行決策。

雀點運用許多流程和裝置來確保所有的員工都了解，為什麼會做出那些決策，以及那些決策該如何執行。例如，他們設了一個布告欄以公布和說明決策，讓未直接參與那些決策的員工也知道發生了什麼事及為什麼。此外，他們也召開七十幾次研討會，一次四個小時，與會的員工從50到250人不等，一起討論雀

點裡發生的改變，了解公司正在考慮的新構想，以及改變可能對員工的角色和責任有何影響。公司也發行季刊，以及每月的「報告卡」，說明公司的策略、行銷、營運、財務績效卡，幫5,300名員工掌握最新的狀況。此外，小組也會向同仁回報他們正在進行的變革，以尋求幫助，落實想法。

公平流程讓大家的態度與行為產生了顯著的改變，雀點的馬口鐵單位就是一例。1992年那單位的績效是業界最差的，不過後來就像一位員工說的：「大家開始主動交流想法，想把工作做好，而不是只求過得去就好。以我們在薄壁電纜外包的成果為例，我們本來不做那種高附加價值的產品，因為產出時間很長，會占用我們其他的設施。但是當我們讓每個人參與，說明我們為何需要改進產出以後，大家紛紛提出構想。一開始公司仍心存疑慮：如果那產品以前就已經造成瓶頸了，難道現在就不會嗎？但是有人建議使用兩台連續的設備，不只用一台，以消除瓶頸現象。難道大家突然變聰明了嗎？不，我覺得是因為大家開始在意了。」

在雀點建立這種新的工作方式，目的是改善員工的知識交流和情感投入，結果顯然很成功。1993年以

來，雀點連續三年都有盈餘，是1970年代末期以來首度出現獲利。雀點變成典範，顯示衰退產業如何在當今的知識經濟中重振旗鼓，誠如某位雀點員工所言：「我們現在知道公司裡發生的每件事情，所以對管理高層更加信任，也更投入工作，大家開始做超乎一般職責的事情。」

克服心理障礙

如果公平流程的概念如此簡單，效用如此強大，為什麼落實公平流程的公司那麼少？多數人都覺得自己是公正的，經理人也不例外。但你問他們什麼是公正的經理人時，他們大多會回答：給予大家應得的權限，或需要的資源，或努力掙得的獎勵。換句話說，他們把公平流程與結局公正混為一談了。少數重視流程的經理人可能只會指出公平流程的三大原則之一（大家最普遍了解的是參與），然後就沒了。

不過，除了不了解以外，還有兩個更根本的原因，可以說明為什麼公平流程如此少見。其一是涉及權力，有些經理人仍認為知識就是力量，他們以為藏私、不分享知識就能保住權力。他們暗中採用的策略是刻意不清楚透露成敗的訣竅，以保留管理權。有的

經理人則是刻意和員工保持距離，以備忘錄與表格取代直接的雙向交流，以避免員工質疑他們的想法或權威，藉此保留掌控權。那樣的管理風格反映出根深柢固的行為模式，經理人鮮少意識到自己如何行使權力。對他們來說，公平流程是一種威脅。

第二個原因大多是因為不自覺，那根植於一種多數人從小就信以為真的經濟假設：大家只在意對自己最有利的事。但我們已經看到充足的證據顯示，當大家認為公平流程時，多數人也會接受不見得對自己有利的結局。大家知道職場上的妥協和犧牲是必要的，他們願意為了公司的長期利益而短期犧牲自我，不過這意願的前提是流程必須公正。

公平流程是傳統的管理實務中尚未充分探索的一種人性心理層面，不過每家公司都可以透過公平流程來培養信任，促使員工自願合作。

（洪慧芳譯自 "Fair Process: Managing in the Knowledge Economy," *HBR*, January 2003）

Managing People

M

為什麼組織中最聰明、最成功的
員工往往是很差的學習者？
因為他們極少失敗，因此
沒有反省的機會。他們失敗，
或只是表現不如理想時，
可能展現出強烈的防衛心態。
他們不會批判檢討自己的行為，
只會將責任推到外在的人與事上。

第七章

教聰明人
如何學習

Teaching
Smart People
How to Learn

H

B

R

克里斯・阿吉瑞斯

Chris Argyris

克里斯・阿吉瑞斯爲哈佛大學
企管與教育研究所講座教授。
著有《克服組織防衛心態》
(*Overcoming Organizational
Defenses*)。曾於《哈佛商業
評論》發表〈組織中的雙環路
學習〉(Double Loop Learning
in Organizations,1977 年
9-10 月號)及〈熟練的無能〉
(Skilled Incompetence,1986
年 9-10 月號)。

企業若想在1990年代較為艱難的商業環境中獲得成功，首先必須解決一個基本難題：商業成就愈來愈仰賴學習，但多數人不懂得如何學習。而且，一般人以為組織中學習能力最強的成員，其實不是很善於學習。我說的是在現代企業中占據關鍵領導職位的專業人士，他們受過良好教育，充滿幹勁，而且認真投入工作。

大多數公司在設法解決這個學習難題時，面臨巨大的困難，而且它們甚至不曾意識到自己面對這種困難。這是因為它們對學習的本質及如何促成學習均有誤解。因此，它們追求成為學習型組織時，常犯兩個錯誤。

首先，多數人對學習的定義過度狹窄，認為學習不過是「解決問題」，因此專注於辨識和糾正外部環境中的差錯。解決問題的確重要。但若想有效學習，經理人與員工必須向內探索。他們必須反省檢討自己的行為，了解自己如何無意中造成組織的問題，然後改變自己的行為方式。他們尤其必須了解，他們界定和解決問題的方法，如何成為組織問題的根源。

為了凸顯此一關鍵差異，我創造了「單環路學習」（single-loop learning）與「雙環路學習」

（double-loop learning）這兩個名詞。以下是一個簡單的比喻：房間中氣溫跌破華氏68度，便自動啟動暖氣供應的恆溫器，是單環路學習的好例子。恆溫器若能問自己「為什麼是華氏68度」，然後研究其他溫度設定是否既能保暖又節省能源，則是具有雙環路學習的能力。

高技能專業人士往往非常擅長單環路學習。畢竟他們已經花了人生大部分時間取得學術資格，掌握一門或數門學問，然後應用這些學問解決現實中的問題。但諷刺的是，這恰恰是專業人士往往非常不擅長雙環路學習的部分原因。

專業人士欠缺失敗經驗

簡而言之，因為許多專業人士幾乎做什麼都很成功，他們非常欠缺失敗的經驗。因為極少失敗，他們幾乎不可能學會從失敗中吸取教訓。因此，他們的單環路學習策略一旦失靈，就會產生很強的防衛心態，拒絕接受批評，將問題歸咎於其他人，堅持自己並無過錯。也就是說，正好他們在最需要學習的時候，失去了學習能力。

專業人士的防衛心態，有助說明企業在學習問

題上常犯的第二個錯誤。企業普遍假定，鼓勵員工學習主要應從動機著手。員工若有正確的態度並願意努力，自然就會學習。企業因此致力創造新的組織結構（薪酬方案、績效考核、企業文化等等），希望藉此產生積極進取、向心力強的員工。

但有效的雙環路學習並非僅取決於員工的感受。更重要的是他們的思考方式，也就是他們用來規畫

> 專業人士彰顯了學習之困難：
> 他們對組織持續改善充滿熱情，但本身往往是這種
> 改善工作成功的最大障礙。

Managing
People

和執行行動的認知規則或思考方式。我們可以把這些規則當作是存在大腦中，控制一切行為的「主控程式」。即使當事人的學習動機很強，防衛性思維（defensive reasoning）也可能阻礙他學習，一如執行內含錯誤的電腦程式，結果可能適得其反。

企業可以學習如何解決上述學習難題。關鍵在於，組織學習與持續改善計畫必須把重點放在經理人

與員工思考自身行為的方式。教導員工以較有效的新
方法思考自身行為，可突破阻礙學習的防衛心態。

接下來的案例是關於某一類型的專業人士；也
就是一家大型管理顧問公司中平步青雲的顧問群。但
我的論點，絕非僅對這一群體有意義。事實上，愈來
愈多工作（無論採用什麼頭銜）有「知識工作」的性
質。組織中各層級的人都必須結合某些高度專門的技
能及各種其他能力，包括團隊合作，與客戶建立有益
的關係，批判反省、然後改變組織的做法。無論是充
滿幹勁的顧問或客服代表、高階經理人或工廠技術人
員，管理工作愈來愈重要的一部分，是引導和整合高
技能人士自主、但互有關聯的工作。

專業人士如何規避學習

我已經深入研究管理顧問15年之久。我選擇研究
管理顧問，是出於幾個簡單的原因。首先，他們是在
所有組織中角色日益關鍵的高教育程度專業人士之縮
影。我研究的顧問，幾乎全都擁有美國頂尖的三、四
家商學院授予的企管碩士學位（MBA）。他們也都非
常投入工作。例如，在某次調查當中，某家公司有超
過90%的顧問表示，他們對自己的工作和公司「非常

滿意」。

我也假定，這些專業顧問擅於學習。畢竟他們的工作，本質上就是教導其他人改變工作方式。但是，我發現，這些顧問本身正彰顯了學習之困難。他們對自身組織之持續改善充滿熱情，但自己往往是這種改善計畫圓滿成功的最大障礙。

只要學習與改革努力集中在外在組織因素上（重新設計職位，薪酬方案，績效考核，以及領導力培訓等等），專業人士會熱心參與。事實上，創造新的體系與結構，正是受過良好教育、積極進取的專業人士的最佳表現機會。

但是，一旦持續改善的努力涉及檢討專業人士自身的表現，問題便出現了。問題不在於他們態度惡劣。專業人士追求卓越的努力是真實的，公司的願景也是清楚的。儘管如此，持續改善仍然無法持久。持續改善的努力持續越久，效果日減的可能性越大。

這是怎麼回事？專業人士成為檢討對象時，會覺得尷尬。他們會覺得審視批判他們在組織中的角色，對他們構成威脅。事實上，因為他們薪酬非常豐厚（而且大致認為雇主支持他們的工作，而且處事公平），自己表現不理想的想法會令他們感到愧疚。

　　但這種感覺往往並非促成實質改變，而是激發了多數人的防衛心態。他們因此會堅稱，種種問題皆與他們無關，問題在於目標不明確，領導人冷漠且不公平，以及客戶愚蠢等等。

　　想想以下例子。在某頂尖管理顧問公司，某專案團隊的經理召開會議，檢討該團隊在最近一個專案上的表現。客戶對該團隊的表現大致滿意，給予較高的評價，但這名經理認為該團隊並未充分發揮能力，創造的價值也不如公司所承諾的。基於持續改善的精神，他認為這團隊可以做得更好。事實上，部分團隊成員也是這麼想。

　　這名經理知道，反省批判自己的表現非常困難（尤其是上司在場的時候），他因此採用一些做法，希望促成坦誠開放的討論。他邀請團隊成員認識和信任的一名外部顧問出席會議——「免得我講話不誠實，」他說。他也同意討論會全程錄影，以便日後必要時可以用來澄清有關會議內容的爭議。最後，這名經理在會議開始時，強調一切皆可討論，包括他個人的表現。

　　他說：「我知道，你們可能認為不應跟我作對。但我鼓勵你們質疑我。如果你們認為上司有錯，你們

有責任告訴我；正如我若看到你們犯錯，也有責任告訴你們。而大家都一樣，有錯就要承認。如果不能坦誠對話，我們就學不到任何東西。」

對於經理的呼籲，在場的專業人士接受上半部分（批評別人），並不動聲色地忽略後半部分（自我批評）。在被問到此次專案工作遇到的關鍵問題時，他們完全歸咎於自己以外的因素。例如客戶不合作，而且很傲慢。「他們不認為我們能夠幫助他們。」團隊主管則經常不見人，出現時則常準備不足。「我們的經理有時還跟不上工作進度，就與客戶開會。」這些專業人士實際上就是聲稱自己無法改變做法──而這不是因為他們本身有任何問題，問題都在別人身上。

經理仔細聆聽，並嘗試回應他們的批評。他談到自己在提供客戶諮詢過程中所犯的錯誤。例如，某團隊成員反對經理主持工作會議的方式。經理回應道：「我現在知道，我提問的方式令大家很難展開討論。我不是有意那麼做，但我明白，你們可能認為我提問時，其實心意已決。」另一團隊成員抱怨經理不顧團隊工作繁重，屈服於上司壓力，答應早早提交工作報告。經理承認：「我想我有責任拒絕上司的要求，那時候大家顯然都有很多工作需要完成。」

　　在大家花了將近三小時討論經理的表現之後，經理開始問團隊成員，他們是否也有犯錯。他說：「畢竟這次的客戶並不是很特別，我們未來可以如何提升效能？」

　　團隊成員重申，問題真的是在客戶和上司身上。某成員說：「他們必須有改革和學習之心。」經理愈是努力敦促團隊檢討自己的責任，團隊成員愈是努力迴避。他們的最佳提議不過是：團隊應「減少對客戶的承諾」──這是暗示團隊的表現已經好得無法改善。

　　雖然經理的表現在外人看來不具威脅性，團隊成員的反應卻彰顯了自我保護的防衛心態。即使他們的指控有事實根據（客戶或許真的傲慢保守，上司或許真的冷漠），他們的表達方式無疑會令他們喪失學習能力。他們抱怨客戶與上司的行為，但幾乎從不公開檢驗自己的說法。例如，他們說客戶不熱衷學習，但一直沒有提出證據。有人指出他們缺乏具體證據時，他們便更激烈地重複自己的批評。

　　既然他們對這些問題感受如此強烈，為何在專案工作期間一直不提出來？根據這些專業人士的說法，這也是別人的錯。某成員說：「我們不想客戶因此疏

遠我們。」另一成員說：「我們不想別人覺得我們一直發牢騷。」

這些專業人士藉由批評別人來保護自己，以免被迫承認自己對團隊表現不如理想也有責任（因為這可能令他們尷尬不已）。而且，當經理敦促他們自我檢討時，他們一再以防衛行為回應，證明這種防衛已

講話坦率是不夠的：
專業人士仍然可能陷入各說各話的處境。

Managing
People

成為一種本能反應。在這些專業人士看來，他們並非抗拒檢討，只是專注於問題的「真正」起因而已。他們覺得在那麼困難的環境下，自己仍有如此出色的表現，值得尊敬，甚至是恭賀。

成員各說各話，毫無交集

結果是大家各說各話，徒勞無功。經理與團隊成員均很坦率，而且有力地表達了自己的看法。但他們

各說各話，一直找不到共同語言來描述顧問所遭遇的問題。團隊成員一再強調，問題出在別人身上。經理則再三嘗試讓他們明白，他們對自己批評的情況也有責任，但他顯然不成功。這種毫無交集的對話就像這樣：

團隊成員：「客戶必須抱持開放的心態。他們必須想要改變。」

經理：「我們有責任幫助他們，讓他們明白改變對他們有利。」

團隊成員：「但客戶不同意我們的分析。」

經理：「如果他們不認為我們的看法是正確的，我們又怎能說服他們？」

團隊成員：「或許我們應該跟客戶多開幾次會。」

經理：「如果我們準備不足，如果客戶不認為我們可信，多開幾次會又有什麼用？」

團隊成員：「專案團隊成員與管理階層的溝通應該改善。」

經理：「我同意，但團隊成員應主動向管理階層反映自己遇到的問題。」

團隊成員：「我們的主管常不見人，跟我們很疏

遠。」

經理：「如果你們不講，我們怎能知道這種情況？」

這種對話戲劇性地說明了學習之困難。問題不在於團隊成員說得不對，問題在於他們的說法對改善表現沒有幫助。他們一再將討論焦點從自己的行為轉移至他人身上，這使得他們無法反省學習。經理了解這陷阱，但不知道如何擺脫它。要擺脫這種陷阱，經理人必須深入認識防衛性思維，以及專業人士容易受制於這種心態的原因。

防衛性思維與災難循環

上述專業人士的防衛心態該如何解釋？問題不在他們對變革的態度或對持續改善的努力；他們真的希望提升工作效能。關鍵在於他們思考自己與他人行為的方式。

我們不可能在每一種情況下均重新思考。如果每次有人問「你好嗎」，我們都必須想一次所有的可能答案，我們肯定會跟不上世界的步伐。因此，所有人都會發展出自己的行動理論，也就是一套規則，用來規畫和執行自己的行為，以及理解其他人的行為。人

們通常會對這些行動理論非常習以為常，甚至未意識到自己在使用它們。

但是，人類行為的矛盾之一，是人們實際使用的主控程式，極少是他們以為自己所使用的。你如果在訪問或調查中要求受訪者說明他們用來規範自身行為的規則，他們提供的將是他們「擁護的」行動理論（這是我的說法）。但觀察這些人的行為，你很快就會看到，這種「擁護的理論」跟他們的實際行為方式幾無關係。例如，上述專案團隊的成員表示自己支持持續改善，但他們的實際表現卻扼殺了改善的可能。

如果你觀察當事人的行為，然後提出可以解釋這些行為的規則，你會得出截然不同的行動理論——我稱之為當事人「使用的理論」。簡而言之，人類的行為總是充滿矛盾而不自知：自己聲稱擁護的理論與實際使用的理論有矛盾，實際的行為方式與認為自己採取的行為方式也有矛盾。

而且，實際使用的理論多數基於同一套價值觀。人類似乎普遍傾向根據四項基本價值觀規畫自己的行動：

1.保持對事物的單方面控制；

2.盡力爭取「勝利」，避免「失敗」；

3. 壓抑負面感受；以及

4. 盡可能「理性」——這是指清楚界定目標，並
以是否達成目標來評價自身行為。

這些價值觀全都是為了避免尷尬或受到威脅，
避免覺得自己脆弱或無能。就此而言，多數人使用的
主控程式含有很深的防衛意識。防衛性思維驅使當事

專業人士的學業成就可能造成了他們後來的學習困難。

人把引導自己行為的前提、推論與結論看做是個人秘
密，並避免以真正獨立、客觀的方法檢驗它們。

因為防衛性思維中的前提、推論和結論從不曾受
到真正檢驗，它是一種閉合環路，對衝突的觀點有很
強的排斥力。若有人指出某人正採用防衛性思維，受
指責的人的必然反應是更多的防衛性思考。例如，前
述專案團隊的防衛行為被人指出時，他們即時的反應
是將責任推給別人——「客戶太敏感了，如果我們提

出批評，他們會跟我們疏遠」；「經理太脆弱了，如果我們反映意見，他會接受不了。」換句話說，該團隊的成員藉由將問題歸咎於外在因素，將責任推到別人身上，再次否認自己有責任。

在這種情況下，單純地鼓勵大家更開放地探索問題，往往會被指責是「威嚇他人」。攻擊者可能也會覺得自己有錯，但他們處理這種感覺的方法，是責怪心態較開放的人激起他們這種不安的感覺。

這種主控程式當然會令當事人喪失學習能力。高教育程度的專業人士因為自身的一些獨特心理因素，特別容易陷入這種學習困境。

我研究的管理顧問，幾乎全都有傑出的學業成績。諷刺的是，他們的學業成就可能造成了他們後來的學習困難。進入職場之前，他們的生活中滿是成就，極少體驗到失敗產生的尷尬與受到威脅的感覺。因此，他們極少應用防衛性思維。但是，缺乏失敗經驗的人，往往不懂如何有效面對失敗。而這會強化人類應用防衛性思維的正常傾向。

我曾針對我研究的公司做過一項調查，受訪者為數百位年輕顧問，從他們的自述看來，這些專業人士用高得不切實際的績效理想來自我激勵：「工作壓力

是自我施加的。」「我不僅必須有好表現，還必須是表現最好的。」「在這裡，我身邊的人非常聰明，而且很勤奮；他們有很強的動機追求卓越表現。」「我們多數人不僅想成功，還想以最快的速度成功。」

這些顧問總是拿自己跟身邊最傑出的人比較，不斷努力改善自己的表現。但是，如果有人要求他

專業人士工作表現
不完美時，往往會急速墜入「災難循環」。

們公開地互相競爭，他們不會覺得這是好主意。他們覺得，這多少有些殘忍。他們寧願當個人貢獻者——或許可稱為「富生產力的獨立個人」（productive loner）。

這些專業人士強烈渴望成功的背後，是同樣強烈的失敗恐懼；而且，如果他們未能達到自己期望的高標準，往往會愧疚不已。其中一人說：「你必須避免犯錯。我非常討厭犯錯。無論是否承認，我們多數害

怕失敗。」

　　這些顧問的生活經驗以成功居多，他們因此不必擔心失敗，以及失敗產生的羞恥與內疚感覺。但也正因如此，他們從不曾鍛鍊出面對失敗感受的氣度，以及處理這種感受的技能。這導致他們不僅害怕失敗，還害怕對失敗之恐懼。因為他們知道，自己無法以最高的標準，好好處理這種恐懼——最高標準是他們對自己的慣常期許。

　　這些顧問以兩個耐人尋味的比喻描述這種現象：「災難循環」（doom loop）及「災難劇變」（doom zoom）。專案團隊的顧問往往有良好的工作表現，但若是表現不完美，或是得不到經理的稱讚，他們會墜入沮喪的災難循環。而他們並不是緩慢地墜入災難循環，而是急速地陷入沮喪的深淵。

　　因此，許多專業人士的性格極其「脆弱」。驟然面對短時間內應付不來的處境時，他們就很可能崩潰。面對客戶時，他們會掩飾自己的窘迫。他們會時常與專案團隊裡的其他成員談論工作困難。有趣的是，這種談話常常變成是說客戶的壞話。

　　因為這種脆弱性格，他們在未能達到自己期望的理想表現時，往往會產生過份強烈的沮喪，甚至是絕

望的感覺。這種沮喪很少造成毀滅性心理打擊，但加上防衛性思維，則可能嚴重損害當事人的學習能力。

小心設計績效考核制度

這種脆弱性格擾亂組織運作的最佳例子，莫過於績效考核。接受考核的專業人士必須以某種正式標準

績效考核就像特別設計來將專業人士推進災難循環似的。 Managing People

評估自己的表現，績效考核因此就像特別設計來將專業人士推進災難循環似的。事實上，員工在績效考核中得到很差的評價，可能產生極大的效應，引發幾乎整個組織的防衛型思維。

在某顧問公司，管理高層建立了一個新的績效考核流程，目的是令績效考核更客觀，而且對接受考核的人更有用。擔任顧問工作的員工參與新流程的設計，而且多數很歡迎新系統，因為它符合他們擁護的

客觀與公平原則。但是，啓用短短兩年後，新流程已經成爲員工不滿的對象。觸發此一態度劇變的，是有些員工得到不理想的績效評級。

管理高層發現，有六名顧問的表現未能達到標準。他們遵循新考核流程的要求，盡力向這六名顧問說明問題，並幫助他們改善表現。資深經理跟這六人個別會面，他們希望談多久以及談多少次都沒問題。經理向他們說明績效評級背後的原因，並討論如何改善表現，提升評級。但種種努力毫無作用。這六名顧問的表現一直沒有改善，最後公司只好請他們走路。

這六人遭解雇的消息傳出後，許多員工感到疑惑和焦慮。在十多名顧問憤怒地向管理階層抱怨後，公司執行長召開了兩場很長的會議，讓員工有機會表達他們的焦慮。

擔任專業工作的員工在會上提出種種看法。有人說績效考核過程不公正，因爲評價很主觀且偏頗，而最低績效的標準含糊不清。還有人懷疑開除這六人的眞正原因是爲了省錢，而績效考核程序不過是掩飾公司陷入困境的遮羞布。也有人認爲績效考核流程是反學習的。此派人士表示，如果公司眞的如自己所宣稱，是一家學習型組織，那麼就應該教導表現達不到

最低標準的員工如何達到標準。某員工這麼說：「公司告訴我們，這裡並沒有『不提升即走人』的政策（up-or-out policy）。因為這種政策違反學習原則。你們誤導了我們。」

執行長嘗試基於此個案的事實，說明管理階層決定的根據；他並向在場員工徵求可駁斥這些事實的證據。

績效考核過程受主觀與偏見影響嗎？是的，執行長答道，但「我們很努力降低這種影響。我們不斷努力嘗試改善這流程。如果你們有任何建議，請告訴我們。如果你們知道有人受到不公平的對待，請提出來。在座若有人覺得自己受到不公平的對待，我們現在就可以來討論。當然，如果你想私下跟我們討論，也沒問題。」

最低績效標準太含糊嗎？執行長答道：「我們正致力將最低標準界定得明確一些。不過，就那六人而言，他們的表現實在太差，我們不難作出決定。」這六人有四人發生問題時，曾獲得及時回饋意見。另外兩人未獲得及時回饋，是因為他們從不曾盡自己的責任，徵詢別人對他們工作表現的評價——事實上，他們刻意迴避別人的評價。執行長補充道：「如果你們

有任何相反的資料，請提出來一起討論。」

這六人被解雇，是因為經濟原因嗎？不是，執行長說：「我們的工作多到做不完，而請專業人士走路是代價非常高昂的事。在座各位有任何相反的資料嗎？」

至於針對公司反學習的指控，整個績效考核流程的設計，是以鼓勵學習為宗旨的。執行長解釋道，員工表現達不到最低標準時，「我們會與當事人共同設計改善方案，然後我們會觀察當事人表現是否好轉。那六個人或是拒絕接受改善方案，或是一再未能達到改善方案的目標。如果你們有相反的資料或證據，我一樣希望知道。」

執行長總結道：「這件事令人遺憾，但有時我們會犯錯，請錯了人。如果員工表現太差，而且一再證明無法改善，除了開除他們，我們不知道還可以怎麼做。將表現不佳的人留在公司，是不公平的。他們獲得與表現不相稱的財務獎勵，對其他人不公平。」

在場的專業人士並未提出自己的資料回應執行長，而是重複他們的指控，但表達方式一再與他們的論點相悖。他們表示，真正公平的考核流程應包含清楚且可稽查的績效數據——但他們未能提出第一手資

料，支持他們的指控（也就是被開除的六人在績效考核中受到不公平的對待）。他們表示，不能根據與當事人實際表現無關的推論來評斷人——但他們正是以這種方式評斷管理階層。他們堅決要求管理階層界定清楚、客觀、不含糊的績效標準，但他們也表示，人性化的系統會考慮到專業人士的績效是無法精確測量的。最後，他們自稱是學習的擁護者，但他們一直沒有提出任何可用來評估一個人是否無法學習的準則。

簡而言之，這些專業人士對管理階層和自己的表現，似乎有雙重標準。他們開會時的發言，有許多特徵一如他們所譴責的無效考核，例如缺乏具體資料，以及仰賴一種「丟硬幣正面我們贏，反面你們輸」的循環論證。他們的觀點就像這樣：「公平的績效考核系統應該有這些特點。你們應當遵守這些規則，但我們評斷你們時則不受它們限制。」

事實上，如果我們分析這些專業人士的行為，想想他們遵循哪些規則，才會有這樣的表現，那麼這些規則應該是：

1.批評公司時，以自己認為站得住腳的方式表達，但也要設法令其他人無法自行評斷你的批評是否站得住腳。

2.被要求說明自己的批評時，不要提出其他人可
　用來自行評斷你的說明是否成立的資料。

3.陳述結論時，盡可能掩飾其邏輯涵義。若有人
　指出這些涵義，則加以否認。

　當然，你若告知上述專業人士這些規則，他們會
認為它們非常可惡。他們無法想像這些規則可以解釋
他們的行為。但是，他們為自己辯護時，卻幾乎總是
無意中證實他們真的應用了這些規則。

學習高效能思考方式

　如果防衛性思維如我所相信的那麼普遍，那麼
僅著眼於個人的態度與努力，是不可能促成實質改變
的。而如上述例子顯示，建立新的組織結構或制度，
也無法促成實質改變。問題在於即使人們真正決心改
善自己的表現，而管理階層也已經改變組織結構以鼓
勵「正確」的行為，人們仍將為防衛性思維所困。他
們或是未認識到此一事實，或是認識到但責怪別人。

　不過，我們有理由相信，組織可以擺脫這種惡性
循環。儘管防衛性思維的力量很大，但許多人會真正
致力於達成自己期望的結果。他們重視稱職的表現。
他們的自尊，與行為始終如一，以及效能出眾緊密相

關。企業可以利用這些普遍的人性，教導員工應用新的思考方式，也就是改變他們頭腦中的主控程式，藉此改變他們的行為。

　　企業可以教導員工辨識自己規畫和執行行動時所使用的思考方式。如此一來，員工便能開始認識到自己擁護的行動理論，如何異於自己實際使用的理論。

> 除非高階經理人認識到自己採取防衛性思維，
> 否則任何改革嘗試很可能只是一時的風潮。

他們便能面對以下事實：他們時常無意中規畫和執行了自己不樂見的行動。最後，他們可以學習辨識個人及群體如何促成組織的防衛行為，造成組織的問題。

　　企業一旦展開這種學習，將會發現減少和克服組織防衛行為所需要的思考方式，正是在策略、財務、行銷、製造及其他管理領域有效運用構想所需要的「嚴格思維」（tough reasoning）。例如，精密的策略分析莫不仰賴收集有用的資料，審慎分析，以及不斷

檢驗相關推論。最嚴格的檢驗，則用於檢驗結論。優秀的策略師會確保自己的結論經得起各種批判質疑。

針對人類行為的高效能思考方式，也應當如此。分析的標準一樣高。人力資源計畫不再需要基於「軟」思考方式，而是應當像其他管理領域的計畫一樣，非常注重數據與分析。

當然，前述管理顧問遇到尷尬或危險的問題時，並非應用上述的嚴格思考方式。他們收集的資料談不上客觀。他們的推論很少明確展現出來。他們的結論基本上只顧自己的利益，其他人無法檢驗，因此「自我封閉」，排斥改變。

組織可以如何開始扭轉這種狀況，教導其成員高效能思考方式？首先，管理高層應當檢討自己使用的行動理論，並作出適當改變。除非高階經理人認識到自己的防衛性思維，以及這種思考方式適得其反的後果，組織改革不會有實質進展，任何改革嘗試很可能只是一時的風潮。

改變必須從高層開始，因為若非如此，即使中低層的思考方式改變了，高階經理人也很可能扼殺這種改變。負責專業工作的員工或中階經理人若開始改變思考與行為方式，這看在未跟上改變步伐的高階經理

人眼中,很可能會顯得怪異,甚至是危險。一種不穩定的情況由此而生:高階經理人仍然以爲迴避或掩蓋困難議題是體貼部屬的表現,但部屬則認爲這反映了高層的防衛心態。

教導高階經理人高效能思考的關鍵,在於將培訓方案與實際商業問題連結起來。要證明高效能思考的效用,最好是設法令忙碌的經理人看到,這種思考方式對他們以及整個組織的表現,能產生多大的直接效果。這不是朝夕間能做到的事。經理人需要足夠的機會練習新技能。但一旦了解到高效能思考提升績效的威力,他們就會有應用這種思考方式的強大動機;不僅是在培訓課程上,還包括他們所有的工作關係。

檢討真實案例

我曾用一種簡單的方法啓動此一流程,那就是要求參與者寫出一個基本案例。案例的題材是眞實的業務問題,或是經理人想處理的,或是以前曾處理但不成功的。這種案例通常不用一個小時就能寫出來,但一旦寫就,便成爲全面分析的焦點。

例如,某組織發展顧問公司的執行長因爲四名直屬部屬(各管理不同業務)激烈競爭,衍生許多問題

而煩惱不已。他不僅厭倦了必須處理部屬競爭產生的大量問題，也擔心職能部門之間的衝突會損害組織的靈活性。他甚至估計過，每年排除糾紛就必須花掉公司數十萬美元。而爭執越多，員工的防衛心態會變得越嚴重，而這只會增加組織的成本。

這名執行長寫下一段話，描述他希望召開會議，與直屬部屬討論相關問題。接著他將那張紙劃為左右兩半，並在右邊寫下會議的可能情境（就像寫劇本那樣），敘述他將說些什麼，以及部屬可能會如何回應。在左半邊，他寫下他在會議期間可能產生的想法或感受，但為免擾亂討論而不會說出來。

但他並未真地召開會議，而是選擇與直屬部屬分析他設想的情境。此案例促成了一場討論，令執行長對自己與管理團隊互動的方式，多了一些認識。

他發現，四名直屬部屬時常覺得他的談話損害團隊效能。他會以「圓滑」為幌子，在某個問題並無共識時，假裝已有共識。結果非他所樂見：部屬並未因此安心，反而警惕起來，試圖弄清楚「他的真正意思」。

執行長也發現，他處理部門主管激烈競爭的方式十分矛盾。他一方面敦促他們「視組織為一個整

體」，一方面又不斷要求他們做某些事（例如削減部門預算），令他們進入彼此間直接競爭的狀態。

最後，執行長發現，他記下來的評價與判斷，有許多是錯的。因為他不曾說出這些想法，他一直未發現它們錯得多厲害。此外，他發現，他以為自己隱瞞

學習高效能思考可能令人激動，甚至感到痛苦，但收穫很大。

Managing People

起來的事，多數還是被部屬知道了。他們還額外得到一個訊息：老闆掩蓋了一些事。

執行長的部屬也認識到自己某些行為損害工作效能。他們嘗試幫助執行長分析他設想情境時，因為檢視自己的行為而學到一些東西。撰寫和分析自己的案例，也幫助他們學習。他們開始看到，自己也傾向迴避和掩蓋真正的問題，而執行長往往知道，但並未說破。他們也曾作出錯誤的評價與判斷，但未表達出來。此外，他們認為自己必須向執行長及同級主管隱

瞞重要的想法和感受，以免惹惱對方，但這想法證實
是錯的。討論案例時，整個高階管理團隊均樂意討論
向來無法討論的事。

　　進行個案研究，令討論大家向來無法處理的問題
變成正當的事。這種討論可能激起參與者的情緒，甚
至是痛苦的。但經理人若有勇氣堅持下去，將可獲得
很大的報酬：管理團隊和整個組織的工作方式變得更
開放、更有效，而且在彈性行動和因應各種情況時，
有更多選擇。

　　高階經理人學會新思考方式後，可以對整個組織
的效能產生很大的作用，即使其他員工仍未改變他們
的防衛性思維，仍有很大幫助。召開會議討論績效考
核流程的那名執行長能夠化解員工的不滿，是因為他
面對員工的批評時，並未以牙還牙，而是清楚地提出
相關資料。事實上，出席會議的人多數認為執行長的
表現，顯示公司真正實踐了它倡導的員工參與原則。

不迴避困難問題

　　當然，理想的情況，是組織中所有人均學習高效
能思考。前述召開專案團隊會議的公司，正是如此。
顧問和他們的經理現在已能正視客戶關係中最困難的

一些問題。為說明高效能思考的力量，想像一下所有人均能有效思考時，前述的經理與專案團隊對話會變成怎樣。（以下對話的基礎，是培訓完成後，我在同一家公司曾出席的其他專案團隊之實際會議。）

首先，那些顧問會願意檢討自己對該專案出現的難題有何責任，展現願意努力持續改善。他們無疑會指出，經理和客戶造成了一些問題，但他們也會承

> 對別人的推論提出質疑，不代表互不信任或侵犯隱私，而是寶貴的學習機會。

認，自己也有責任。更重要的是，他們會與經理達成共識，在研究客戶、經理及自己的責任時，會找來相關資料，檢驗所有的評價與判斷。每一個人皆會鼓勵其他人質疑他的推論。事實上，他們會堅持這麼做。每一個人皆會認識到，提出質疑並不代表互不信任或侵犯隱私，而是寶貴的學習機會。

針對經理不願拒絕別人的要求，有關對話可能是

這樣：

　　團隊成員1：「對於你管理本專案的方式，我最大的意見之一，是當客戶或上司提出不當要求時，你似乎無法拒絕。」〔舉出一例。〕

　　團隊成員2：「我想補充一個例子。〔陳述第二個例子。〕不過，我也想指出，我們從不曾告訴你，我們對這種情況的感受。我們在背後說你壞話，像是『他真是好懦弱』，但我們一直沒有站出來指出問題。」

　　經理：「如果你們指出問題，肯定會有幫助。我是否曾說過或做過什麼，令你們覺得最好不要告訴我這問題？」

　　團隊成員3：「不是。我想是因為我們不想別人覺得我們發牢騷。」

　　經理：「嗯，我完全不覺得你們像是在發牢騷。但我想到兩點。如果我的理解沒錯，你們那時是在抱怨，但對我的不滿，以及對我無法拒絕不合理要求的抱怨被掩蓋了起來。第二，如果我們那時曾討論這問題，我或許就能取得相關資料，也就能夠拒絕那些要求。」

　　注意，第二位團隊成員敘述他們隱瞞自己的抱怨

時，經理並沒有批評她。經理以坦誠回報她的坦誠。
他將焦點放在他是否對團隊成員的隱瞞有責任。經理
坦誠檢討自己的責任，因此團隊成員得以說出他們的
問題：害怕別人覺得他們在發牢騷。對此經理表示，
他們確實不應只是抱怨，但他也指出，隱瞞抱怨的結

> 經理坦誠檢討自己的責任，因此團隊成員得以
> 說出他們的問題。

H
B
R

Managing
People

果對大家都不好。

那次會議另一個未解決的問題，是有關客戶的傲
慢態度。針對這問題，較有效的對話可能像這樣：

經理：「你們說客戶傲慢，而且不合作。他們說
了什麼，做了什麼？」

團隊成員1：「有人問我是否當過老闆雇過員工。
還有人問我畢業了多久。」

團隊成員2：「甚至有人問我幾歲！」

團隊成員3：「那實在沒什麼。最糟的是，他們

說，我們不過是做做訪問，根據他們告訴我們的資料撰寫報告，然後收取服務費。」

經理：「我們通常很年輕，這對許多客戶真的是一個問題。他們會因此產生很強的防衛心。但我想研究一下，是否有辦法可讓他們自由發表意見，但又不會激起我們的防衛心……」

「你們原本的反應，有一點令我困擾，那就是你們假定自己說客戶愚蠢是對的。我注意到，無論是本公司還是其他同業，我們當顧問的人有一個問題：傾向藉由說客戶壞話保護自己。」

團隊成員1：「沒錯。畢竟如果他們真的愚蠢，他們不懂就顯然不是我們的錯。」

團隊成員2：「當然，那種態度是反學習且過度自我保護的。我們假定他們無法學習，也就免除了自己的學習責任。」

團隊成員3：「而我們愈是一起說客戶壞話，愈是鞏固了彼此的防衛心態。」

經理：「那麼我們可以怎麼做？我們可以如何鼓勵客戶將他們的防衛心態表達出來，並在此基礎上做一些有益的事？」

團隊成員1：「我們都知道，關鍵不在我們的年

紀，關鍵在於我們是否能替客戶的組織增加價值。他們應該根據我們的工作成績評斷我們。如果我們未能替他們增加價值，他們應該摒棄我們，無論我們年紀多小或多大。」

經理：「或許這正是我們應該跟客戶講的。」

在這兩個例子中，顧問及他們的經理都在做真正有益的事。他們在認識自身的團體互動情況，並處理一些普遍的客戶關係問題。由此產生的見解有助他們未來提升工作效能——無論是個人，還是團隊。他們不僅是在解決問題，也更深入、更有條理地了解自己在組織裡的角色。他們為真正持續的改善奠定了基礎。他們在學習如何學習。

（許瑞宋譯自 "Teaching Smart People How to Learn," *HBR*, May 1991）

Managing People

M

大部分的人會覺得自己是有道德的人，
包括經理人在內。而且，
經理人往往會因為不自覺的偏見，
造成「不道德」的決策。
本文探討四種偏見的來源，
讓經理人可時時檢視自己的
決策過程，減少不道德的決策。

第 八 章

你有多麼（不）道德？

How (Un)ethical Are You?

馬札林・巴納吉

Mahzarin R. Banaji

哈佛大學心理學系社會倫理講座
教授，以及哈佛大學拉德克里
夫高等研究院〔Radcliffe Institute
for Advanced Study〕講座教授。

馬克斯・巴澤曼

Max H. Bazerman

哈佛商學院企管講座教授。

多里・丘夫

Dolly Chugh

哈佛大學院組織行為及社會心理
學聯合學位計畫博士候選人。

以下是一道是非題：「我是有道德的經理人。」

　　如果你回答「是」，這裡有一個令人不安的事實：你可能不是有道德的經理人。大部分人都相信自己既有道德又公正無私，我們想像自己是優良的決策者，能夠客觀評估一位求職者或一筆投資交易，並且達成能符合自己和組織最佳利益的公平、理性結論。但是逾二十年的研究結果證實，大部分人都自我感覺良好，而這種感覺與事實出入甚大。我們受到耶魯大學心理學家大衛・亞默（David Armor）所謂的「客觀錯覺」（illusion of objectivity）所迷惑，這個觀念是指，我們自認不像別人一樣帶有偏見。此外，這些不自覺或內隱的偏見，可能與我們意識裡存有的明確想法背道而馳。我們可能自信滿滿地認為，求職者的種族背景與我們的聘雇決定無關，或是我們不受利益衝突所影響。但是心理學研究經常揭露非刻意、不自覺的偏見。這些偏見的普遍存在，顯示出即使是最好心的人也會不自覺地讓潛意識想法和感覺影響看似客觀的決定。這些有瑕疵的評斷有道德上的問題，並且破壞了經理人的根本工作——招募和留住卓越的人才、提升個人和團隊績效，以及和伙伴有效合作。

　　本文探索四個形成非刻意的不道德決策的原因：內隱型的偏見、偏袒自身團體的偏見、利益衝突，以及過度邀功的傾向。由於我們不會有意識地察覺這些偏見的來源，想要以決策不當的名義來懲罰決策者，藉此處理偏見問題，通常是行不通的。而透過傳統的倫理訓練，也不可能加以糾正。相反地，經理人必須充分利用一種新型的警覺性。一開始，這需要拋開一個觀念：我們對別人所持的看法，一向就是我們認爲別人會做的事情。這個觀念也要求我們放棄我們對本身客觀性和公平能力的信心。在下文中，我們會提供策略，以協助經理人認清這些普遍、有害、不自覺的偏見，並降低其衝擊性。

偏見一：
從不自覺的信念中浮現的偏見

　　大部分公正的人會盡量根據功績來評斷他人，但是我們的研究顯示，人們經常會根據不自覺的刻板印象和態度，或是「內隱偏見」來評斷人。內隱偏見如此普遍並持續出現，原因在於，它根植於基本的思考方法。在開始階段，我們學會將通常在一起的事物聯結起來，並期望它們必定共存：例如雷和雨，或是白

髮和高齡。這種從聯結中感受和學習的技巧,通常對我們很有幫助。

不過,當然,我們的聯結只反映接近事實的情況,而很少適用於每一種遭遇。雨和雷不一定同時出現,年輕人也可能長白髮。然而,因為我們自動做出這種聯結,以幫助安排自己的世界,我們愈來愈相信

> 人們經常會根據不自覺的刻板印象和態度,或是「內隱偏見」來評斷人。

Managing
People

它們,當它們與我們的期望不一致時,它們讓我們察覺不到那些聯結錯誤的狀況。

由於內隱偏見源自平常不自覺的聯結習慣,它有別於自覺型的偏見,例如明顯的種族歧視和性別歧視。這種差別說明了為何沒有蓄意懷著偏見的人仍可能存有偏見,並且據此行事。經常接觸含有偏見的影像,例如將黑人與暴力相提並論、將女性描繪為性交對象、暗示肢體障礙是精神耗弱以及窮人就是懶人,

那麼即使最不偏不倚的人也免不了會作出偏誤的聯結。這些聯結在工作場所產生影響，正如它們在其他任何地方產生影響一樣。

1990年代中期，華盛頓大學心理學教授東尼‧葛林華德（Tony Greenwald）發展了名為「內隱聯結測驗」（IAT）的實驗工具，來研究非自覺偏見。電腦版的測驗要求受試者將文字和影像快速區分為「好」或「壞」。受試者使用鍵盤，必須在「愛」、「喜悅」、「痛苦」和「悲傷」等字之間作出瞬間的「好／壞」區分，同時要將黑白、老少、胖瘦（視有疑問的偏見而定）等臉孔分類。受試者被要求將不同組的字和臉孔配對時，每個人所需的反應時間會有些微不同，此測驗就是透過偵測反應時間的不同，來揭露內隱的偏見。有些受試者有意識地認為自己對黑人或老人沒有負面感覺，但是他們在將老人或黑人臉孔與「好」字聯結時，可能會比他們將年輕人或白人臉孔與「好」字聯結時慢。

1998年，葛林華德、布萊恩‧諾塞克（Brian Nosek）和巴納吉將「內隱聯結測驗」放在網路上，從那時起，全球各地的人們已經參與超過250萬次測驗，確認和延伸更多傳統實驗室的實驗結果。兩者均

表1：你有偏見嗎？

你願意打賭，你對歐洲裔美國人和對非洲裔美國人的感覺是一樣的嗎？那你對女人和對男人的感覺一樣嗎？或是對老人和對年輕人的感覺一樣？三思之後再下賭注。造訪implicit.harvard.edu或www.tolerance.org/hidden_bias，檢視你的非自覺態度。

這些網站提供的「內隱聯結測驗」揭露非自覺想法，做法是請受試者在含有正面或負面意味的字眼，以及代表不同類人的影像之間，做出立即的聯結。網站上的各種測驗，顯示了受試者對不同種族、性向或肢體特徵人士的自覺與非自覺態度之間的差異性或一致性。從超過250萬項網路測驗和進一步的研究收集到的資料告訴我們，非自覺偏見有下列特性：

極為普遍。至少75％的受試者顯示出偏好年輕人、有錢人和白人的內隱偏見。

強大。只有避免偏見的自覺渴望，無法排除內隱偏見。

　　與自覺意圖相反。雖然人們經常表示，對非洲裔美國人、阿拉伯人、阿拉伯裔美國人、猶太人、男女同性戀者或是窮人沒有刻意心存偏見，但他們在內隱衡量上顯示出重大的偏見。

　　程度不一，視團體地位而定。少數民族團體成員對自己團體所顯示的內隱偏好，往往低於多數民族團體成員對自己團體的偏好。例如，非洲裔美國人在外顯衡量上表現出對本身團體的強烈偏好，但是在測驗中卻顯示出相對較少的內隱偏好。相反地，白種美國人對本身團體的外顯偏見較低，但內隱偏見卻較高。

　　是衍生性的。在「內隱聯結測驗」上表現出較高程度偏見的人，在與他們歧視的團體成員面對面互動時，以及在他們所作的選擇中，例如聘僱決定等，也可能以較爲偏誤的方式行事。

　　代價昂貴。目前我們實驗室正在進行的研究顯示，內隱偏見產生「刻板印象稅」──談判人員有錢沒法賺，因爲偏見造成他們錯失向對手學習，進而透過互利性的取捨來創造其他價值的機會。

顯示，內隱偏見強大而且普遍。（如需「內隱聯結測驗」的詳細資訊，見表1：「你有偏見嗎？」）

偏見也可能代價昂貴。在受控制的實驗中，羅格斯大學心理學家羅莉・魯德曼（Laurie Rudman）和勞倫斯大學心理學家彼得・葛利克（Peter Glick）研究內隱偏見如何發揮作用，將合格的人員排除在特定角色

> 內隱偏見可能會微妙地將合格人員排除在求才組織的門外，進而造成成本。

之外。有一組實驗檢視受試者內隱的性別刻板印象，與其聘僱決定之間的關係，結果發現，懷有較強內隱偏見的受試者，比較不會挑選展現企圖心或獨立性等典型「陽剛」個人特質的合格女性，來從事需要人際技巧等典型「陰柔」特質的工作。但他們會選擇展現這些特質的合格男性。招募人員的偏見是，女性較不可能比男性更具備社交技巧，即使兩方的資格實無二致。這些結果顯示，內隱偏見可能會微妙地將合格人

員排除在求才組織的門外，進而造成成本。

　　法律案例也透露了經濟和社交上的內隱偏見實際成本。以Price Waterhouse會計師事務所（台灣稱為資誠）對霍普金斯案（Price Waterhouse v. Hopkins）為例，儘管安‧霍普金斯（Ann Hopkins）累積的收費時間高於同儕，為公司帶來250萬美元的收入，並贏得客戶的稱讚，她要求成為公司合夥人，卻遭到拒絕，因此她提出訴訟。這個案例的細節顯示，評估她的人在態度上確實懷有偏見。例如，他們評論說，安「身為女人，顯得有些過度逞強了」，而且需要「上禮儀學校的課程」。但是從法律的觀點來看，更加確鑿的是來自實驗研究的直率證詞。目前任職於普林斯頓大學的心理學教授蘇珊‧費斯克（Susan Fiske）以專家證人的身分為辯方作證，她指出，作出偏誤決策的可能性「內存」於系統中，在此系統中，一個人有「單獨的」地位，亦即此人是獨一無二（唯一的女性、唯一的非洲裔美國人、唯一的人、唯一的肢障者等等）。法官吉傑哈德‧吉塞爾（Gerhard Gesell）下結論說，對霍普金斯的評估「涉及遠〔比一般歧視意圖〕更為微妙的程序」，她在低等法院和最高法院都打贏官司，這如今已成為歧視法中的一個里程碑。

同樣地，1999年湯瑪士對柯達（Thomas v. Kodak）案例證明，內隱偏見可能是裁決的基礎。在本案中，法院提出一個問題：「雇主是否故意根據種族進行評估，或者這樣做純粹是因為不自覺的刻板印象或偏見。」法院下結論說，原告可能確實激發了「會輕易掩飾暗中或非自覺種族歧視的主觀評估。」雖然法院審慎避免輕易對並非故意的偏見分派責任，但上述案例證明，這類行為可能在無意間造成企業責任。

偏見二：
偏袒本身團體的偏見

想想近年來你對人提供的一些幫助，不論是對朋友、親戚或同事。你曾經協助某人得到有用的引介、進入一所學校或是獲得一份工作嗎？我們大部分人都樂於提供這類協助來幫某人擺脫困境，毫不令人意外地，我們往往會協助自己認識的人以及背景類似的人：國籍、社會階級相同，或許宗教信仰、種族、雇主或就讀學校相同。這一切聽來相當單純。請身為大學系主任的鄰居和一位同事的兒子見面，有何問題？協助推薦一位以前的姐妹會成員找工作，或是當教會裡的朋友申請房屋貸款被拒時，你讓他跟你在銀行任

職的表哥談談，不就只是幫個忙而已嗎？

　　幾乎沒有人會透過這樣的善意行動來排除任何人，但是當絕大多數人或是當權者把少數資源（例如工作、晉升和貸款）分配給和他們類似的人，他們就是歧視異己。這樣的「內團體偏私」（in-group favoritism）等同於給團隊成員額外的好處。但雖然歧視異己被視為不道德，協助親朋好友卻往往受到好評。想想有多少公司明確鼓勵這種做法，提供聘雇獎金給推薦朋友應徵職缺的員工。

　　但是思考一下一項調查結果：美國的銀行比較可能拒絕一個黑人而非一個白人的貸款申請案，即使申請者全都符合資格。普遍的看法一直是：銀行敵視非洲裔美國人。這可能適用於某些銀行和某些貸款負責人，但社會心理學家大衛·梅西克（David Messick）說過，內團體偏私更可能是這類歧視性放款的根源。白人貸款負責人可能會樂觀或寬容看待不符合資格的白人申請人，但卻嚴格遵照銀行的放款標準來對待不符合資格的黑人申請人。在拒絕黑人申請人的貸款案時，貸款負責人可能不會像對白人表現偏私一樣，對黑人表現敵意，那是微妙但至關重要的差異。

　　這其中的道德成本顯而易見，而且應該是足以解

決問題的原因。但這種無心的偏見會產生一項額外效
應：它會損害獲利。例如，以這種方式歧視特定人的
放款業者，會蒙受壞帳的成本，如果放款決策比較客
觀，或許就可以避免這種損失。他們也可能發現，如
果不公平的放款方式遭到公開揭露，自己就會面臨負
面宣傳或是歧視訴訟。在不同的環境背景中，企業可

> 許多研究顯示，在許多衡量標準上，大多數人都自認為
> 高於平均水準；包括從知識程度到駕車的能力。

能會為聘雇能力不佳的人付出真實的代價，要不是心
懷內團體偏私的招聘經理展現同情心，能力不佳的應
徵者根本過不了關。

當成員資格賦予明顯優勢時，內團體偏私就會
根深柢固，例如，就像內團體偏私在白人和其他主要
社交團體間的作用一樣。（如果團體成員資格沒有提
供什麼社會優勢，成員的偏私情況就會較少或是不存
在。）因此，對各種管理任務而言（從聘雇、解雇、

晉升，到承包服務和建立伙伴關係），合格的少數民族候選人會微妙而且不知不覺地受到歧視，有時候只因爲他們是少數民族：他們人數不夠多，力量不足以反擊多數民族裡的內團體偏私傾向。

偏見三：
過度邀功

成功者對自己持正面觀點，是很自然的事，但許多研究顯示，在許多衡量標準上，大多數人都自認爲高於平均水準；包括從知識程度到駕車的能力。企業高階主管也不例外。我們往往會高估自己對團體的貢獻，坦白說，這一點往往會導致誇大的特權意識。我們成爲這種不自覺偏見的固定受惠者，而且毫不覺得難爲情，我們愈是只想到自己的貢獻，對共事者所作的評斷就愈不公平。

實驗室研究證明了這種最爲個人的偏見。在哈佛大學，尤金‧卡盧索（Eugene Caruso）、尼克‧艾普利（Nick Epley）和麥克斯‧巴澤曼（Max Bazerman）最近請幾個研究小組的企管碩士（MBA）班學生評估自己完成團體裡的多少工作，當然，所有成員的貢獻總和必須加起來正好100％。但是研究人員發現，每一

個研究小組的貢獻總和平均達到139%。在一項相關的研究中，卡盧索和他的同事們發現，學術界作者對自己在共同研究專案上所作的貢獻普遍高估。可悲但不令人驚訝的是，預估的團體貢獻總和超過100%愈多（換言之，每個人邀的功愈多），大家在未來合作的意願就愈少。

同樣地，在商業上，過度邀功會破壞聯盟。當策略伙伴關係中的每一方為自己的貢獻過度邀功，並且懷疑別人是否盡了本分時，雙方都往往會少出點力作為彌補。這對合資事業的績效有顯著的影響。

可預期的是，不自覺的過度邀功會降低組織內團體的績效和壽命，正如它會降低學術界作者的合作意願一樣。它也會損及員工的承諾。想想員工如何看待加薪，大部分人和烏比岡湖（Lake Wobegon，編按：烏比岡湖效應指一般人都會對自己評價過高）小孩沒什麼兩樣，都認為自己比同儕團體裡的大多數人優秀。但許多人只能得到低於平均水準的加薪幅度，如果某位員工得知一位同事領了更高的薪酬，而且他真的認為自己更應得到這種待遇，那麼他感到忿恨是自然的事。在最好的情況下，他的忿恨可能會降低承諾和績效。在最壞的情況下，他可能會離開看來並不賞

識他所作貢獻的企業組織。

偏見四：
利益衝突

　　每個人都知道，利益衝突會導致蓄意貪腐的行為，但是許多心理實驗顯示，這種衝突對刻意扭曲決策的影響力也相當強大（要檢視某個商業領域中的證據，見巴澤曼、喬治‧洛文思坦〔George Loewenstein〕和唐‧穆爾〔Don Moore〕刊在2002年11月號《哈佛商業評論》的文章〈為何優良會計師做出不良的稽核〉〔Why Good Accountants Do Bad Audits〕）。這些實驗顯示，職場上充滿諸如以下的情況：利益衝突導致誠實、有道德的專業人員不自覺作出謬誤和不道德的建議。

　　例如，醫生因為推薦病患接受臨床試驗而收錢，便面臨利益衝突。當然，大部分醫生自覺地認為，他們的推薦是病患的最佳臨床選擇，但是他們怎麼知道，付款的承諾不會使他們的決定出現偏差？同樣地，許多律師根據委託人得到的賠償金額或和解金額來收費，由於打官司勞民傷財而且勝算難料，對律師而言，庭外和解通常是具有吸引力的選擇。律師可能

有意識地認爲，和解符合委託人的最佳利益。但是他們如何能夠在這些情況下，作出客觀、不偏不倚的判斷？

針對證券經紀公司分析師所作的研究結果，證明了利益衝突如何能夠不知不覺地扭曲決策。財務研究服務公司First Call所作的分析師意見調查結果顯示，

> 利益衝突導致誠實、有道德的專業人員不自覺作出謬誤和不道德的建議。

Managing People

在2000年納斯達克（Nasdaq）指數下跌60％的期間，證券經紀公司分析師對客戶的建議，有整整99％仍然是「強力買進」、「買進」或「持有」。什麼因素可以說明這種發生的情況和建議的內容之間的差異？答案可能在於助長利益衝突的制度中。一部分分析師是根據證券經紀公司營收來敘薪，有些公司甚至將分析師的薪酬與分析師從客戶那裡取得的業務量連結，對於分析師延長和擴展他們與客戶的關係，提供明顯的

誘因。但若假設在納斯達克指數直直落的這段期間，所有的證券經紀公司分析師都有意識地貪污，從客戶身上榨錢，以利用這個獎勵制度，在常識上是說不通的。這裡面當然有一些不良分析師，但最有可能的情況是，大部分分析師認為自己的建議合理並且符合客戶最佳利益。許多人沒意識到的是，他們的薪酬獎勵方案中固有的利益衝突，使他們無法看到自身的錯誤建議中存在的內隱偏見。

試著更努力並不足夠

　　隨著企業持續陷入金融醜聞並且衰敗，許多公司的因應方式是針對經理人提供道德訓練計畫，此外，許多世界頂尖的商學院也設立了新課程和道德講座教授職位。這些行動主要專注於傳授廣泛的道德哲學原則，以協助經理人了解他們所面臨的道德挑戰。

　　我們雖贊成這些行動，但也懷疑，立意良好、更加努力的做法，是否會徹底改善高階主管的決策品質。為了達到該目標，道德訓練必須擴大範圍，納入現今對人腦運作方式的知識，而且必須讓經理人直接面對構成偏誤決策基礎的非自覺機制。此外，公司必須對經理人提供練習，並且採取行動，以徹底根除會

導致不良決策的偏見。

經理人如果注意到自己的非自覺偏見，就可以作出更明智和合乎道德的決定。但我們如何才能夠發現在本身知覺意識之外的事物？藉由運用意識來做到。正如一輛汽車偏離方向時，駕駛人要刻意抵消汽車的拉力一樣，經理可以擬定有自覺意識的策略，來抵消不自覺偏見的拉力。必要的是警覺性——持續察覺可能造成決策偏離預期途徑的力量，並持續進行調整以抵消那些力量。調整可分為三大類：收集資料、打造環境，以及擴大決策程序。

調整一：
收集資料

要減少不自覺的偏見，第一步是收集資料，以揭露偏見的存在。資料通常是反直覺的。想想許多人在接受「內隱聯結測驗」後，得知自己的性別和種族偏見時都很驚訝。為什麼驚訝？因為大部分人都相信自己的直覺提供的「統計數字」。比較好的資料很容易收集，但卻很少有人做到，取得那些資料的一個方式，是系統化地檢視自己的決定。

還記得對企管碩士生研究小組所作的實驗嗎？那

些受試者高估自己對團體行動的貢獻，所以貢獻總和平均為139％。當研究人員請研究小組成員在宣稱自己的貢獻之前估計每一位其他成員的貢獻時，貢獻總和降至121％。過度邀功的習性仍然持續存在，但這個「拆解」（unpacking）工作的策略降低了偏見的強度。很多人宣稱「我應該得到比你給我的還多」，在以這種說法為特徵的環境中，光是要求團隊成員先拆解其他人的貢獻，然後再宣稱自己所作的貢獻比例，通常會使宣稱與實際應得的功勞更加一致。如同研究小組這個例子證明的，這類針對個人和團體決策程序所作的系統化稽查是有可能的，即使在已經作好決定時也一樣。

　　拆解是一項簡單的策略，經理人應該在組織內經常加以使用，以評估自己的宣稱是否公平。但是遇到團隊成員或部屬可能過度邀功的任何情況，經理人也可以應用這項策略。例如，某位員工覺得加薪幅度不夠，一位經理人在解釋時，要向這位部屬詢問的，不是他認為自己應該得到什麼，而是他在考量每一位同事的貢獻和加薪總額之後，認為適當的加薪幅度為何。同樣地，當某人覺得他所做的工作已經超出他在團隊中應該分擔的份額時，請他先考量其他人的努

力，然後再估計他本身的貢獻，這樣做有助於使他的感覺與現實一致、恢復她的承諾，並且降低偏差的特權意識。

接受「內隱聯結測驗」，是收集資料的另一個寶貴策略，我們建議你和你組織裡的其他人運用這項測驗來發現你本身的內隱偏見。但是提醒一句：因為這項測驗是一項教育和研究工具，不是選擇或評估工

> 光是知道你本身偏見的大小和普遍性，
> 就可以協助將你的注意力引導到需要仔細檢查和
> 重新考慮的決策範圍。

具，你必須將你的結果和其他人的結果視為私人資訊。光是知道你本身偏見的大小和普遍性，就可以協助將你的注意力引導到需要仔細檢查和重新考慮的決策範圍。例如，經理人的測驗結果若顯示出對特定團體的偏見，他就應該檢視自己的聘僱做法，看看他是否確實特別偏袒那些團體。但因為有太多人抱持這種

偏見，它們也會獲得普遍的認可，而那種知識可以做為改變決策方式的基礎。重要的是，要提防以普遍性來證明自滿和不採取行動是正確的：偏見的普遍存在，並不表示它是適當的，正如視力不佳被認為是相當常見的情況，但這並不表示不需要使用矯正鏡片。

調整二：
打造環境

研究顯示，內隱態度可以藉由環境中的外部線索來打造。例如，加州大學洛杉磯分校（UCLA）的寇蒂斯·哈丁（Curtis Hardin）和同事使用「內隱聯結測驗」來研究，如果測驗由一位黑人調查員來管理，受試者的內隱種族偏見是否會受影響。一組學生在一位白人實驗人員的引導下接受測驗；另一組學生在一位黑人實驗人員的引導下接受測驗。哈丁發現，光是黑人實驗人員在場，就降低了受試者在測驗中的反黑人內隱偏見程度。許多類似的研究已經顯示，這對其他社交團體有類似的效果。什麼因素可以解釋這種變動？我們可以猜測，一般認為教室中的實驗人員能夠勝任、負責和具有權威性。由黑人實驗人員引導的受試者，將這些正面特性歸因於那個人，並可能歸因於

整個團體。這些研究結果顯示，內隱偏見的一個補救方式是，讓自己面對會挑戰刻板印象的影像和社會環境。

我們認識一位法官，她的法庭位於以非洲裔美國人為主的社區。由於社區裡的犯罪和逮捕模式，大部分被判刑的人都是黑人。這位法官面臨一項矛盾。一

經理人可以稽查自己的組織，
找出這類無意間促成刻板聯結的模式或線索。

方面，她曾宣誓要客觀公平，而她確實自覺地認為她的決定不含偏見；但另一方面，她每天所處的環境一直在強化黑人與犯罪之間的聯結。雖然她刻意拒絕種族刻板印象，但她懷疑，光是在一個隔離的世界中工作，就讓她懷有不自覺的偏見。每天沈浸在這種環境中，她不知道是否可能讓被告有一場公正的聽證會。

這位法官沒有讓自己的環境強化偏見，而是建立

一個替代的環境。她休假一星期，到某個鄰區法院觀看另一位法官開庭審訊，這個法院審判的罪犯以白人為主。一個又一個案件挑戰「黑人犯罪，白人守法」的刻板印象，因而挑戰對黑人的任何偏見，這種偏見，她可能也有。

　　想想你的工作場所促進的聯結，這些聯結可能帶有偏見。你的工作場所中，也許有一個「名人牆」，上面掛滿從同一個模子印出來的高成就者照片？獲得晉升的總是某些類型的經理人？人們過度使用從刻板或狹隘知識領域（例如運動譬喻或烹飪術語）中取得的特定類比嗎？經理人可以稽查自己的組織，找出這類無意間促成刻板聯結的模式或線索。

　　如果稽查結果顯示，環境可能會助長非自覺偏見或不道德行為，那就要考慮創造與偏見相抗衡的經驗，如同上述法官的做法。比方說，如果你的部門將男性的刻板印象強化為在階層中順理成章的支配者（大部分經理人是男性，而大部分助理是女性），那就找出一個由女性領導的部門，並且設立一個影子計畫（shadow program）。兩個團體都將因為交換最佳做法而獲益，你的團體將會悄悄地接觸到反刻板印象的線索。經理人派遣員工到客戶端工作以便加強服務

時，應該慎選組織，這些組織要能夠對抗在你公司中強化的刻板印象。

調整三：
擴大你的決策程序

想像你正在一項會議中作決策，這項會議的主題是只對某幾類員工有利的重要公司政策。比方說，

經理人可以在按照直覺行事之前收集資料，
藉此發現偏見。

一項政策可能提供全體員工額外的休假，但卻排除能讓許多新手父母平衡工作與家庭責任的彈性工作時間。另一項政策可能降低強制退休年齡，淘汰一些年紀較大的員工，但是為年輕員工製造晉升機會。現在假設，當你在作決策時，你不知道你屬於哪個團體。亦即，你不知道你是資深或是資淺、已婚或單身、同

性戀或異性戀、有孩子或沒有孩子、男或女、健康或不健康。你最後會知道你的身分，但是要等到作出決定後才會弄清楚。在這個假設的情境中，你會作出什麼樣的決定？你會願意冒險，待在因為你本身的決定而處於不利情況的團體中嗎？如果你可以採用除了你自己以外的各種身分來作決策，你的決定會有什麼不同？

這項思考實驗是哲學家約翰‧羅爾斯（John Rawls）「無知之幕」（veil of ignorance）概念的版本，這個概念假設，只有對本身身分不知情的人，才能夠作出眞正符合道德的決定。幾乎沒有人可以徹底推想「無知之幕」，這正是爲什麼隱藏的偏見會如此難以糾正，即使被指認出來也一樣。儘管如此，將「無知之幕」套用到你的下一個重要管理決定，可能會提供一些見解，讓你知道內隱偏見如何強烈影響你。

正如經理人可以在按照直覺行事之前收集資料，藉此發現偏見一樣，他們可以採取其他先發制人的步驟。在考慮派遣哪個人參與訓練計畫、針對新任務提出建議，或是爲快速升遷的職位提名人選時，你會從哪個名單開始著手？大部分人很快就不假思索地提出

這類名單，但是要記住，你的直覺會有內隱偏見的傾向（強烈偏袒主要和深受喜愛的團體）、內團體偏私（偏袒你本身團體內的成員）、過度邀功（這會對你有利），以及利益衝突（這會偏袒其利益將影響你自身利益的人士）。作人事決定時，不仰賴心裡的名單，而是從擁有相關資格的人員完整名單開始著手。

使用廣泛的名單有幾個優點，最明顯的一個就是，原本可能會被忽視的人才可望出現。比較不明顯但一樣重要的是，「在意識層考慮反刻板印象的選擇」這個舉動可以減少內隱偏見。事實上，單單是想到假設性、反刻板印象的情境，例如將複雜的簡報委託給女同事，或是從非洲裔美國人老闆那裡獲得晉升，可以鼓勵減少偏見和更符合道德的決策。同樣地，在面臨利益衝突時，要刻意考慮反直覺選擇，或是在有過度邀功的機會時，可以推動更客觀和符合道德的決策。

警覺的經理人

如果你最初對本文開頭的問題回答「是」，你就具備了一些信心，覺得自己是具有道德的決策者。現在你會怎麼回答問題？顯然，簡單的信念和真誠的用

意都不足以確保，你是自己所想像的那種合乎道德的從業人員。渴望合乎道德的經理人必須挑戰「自己一向毫無偏見」的假設，並且承認，比起良好的用意，警覺心更能夠用來界定符合道德的經理人特徵。他們必須積極收集資料、打造自己的環境，並且擴大決策。更重要的是，可以運用顯著的修正。經理人應該尋求每一個機會來實施平權法案政策──不是因爲以往對某個團體的做法錯誤，而是因爲我們現在可以記錄的每一項錯誤，都存在於優良、善意者的一般日常行爲中。諷刺的是，只有那些了解本身可能做出不道德行爲的人士，才可能成爲自己渴望做到的合乎道德決策者。

（林麗冠譯自 "How〔Un〕ethical Are You," *HBR*, December 2003）

Managing People

如果說，管理大師彼得‧杜拉克率先
提出以團隊為基礎的組織能夠創造高成效，
那麼，卡然巴哈和史密斯就是提出具體
做法來實踐杜拉克想法的人。但團隊
並非萬靈丹，在這個高度連結的世界裡，
團隊的運作就跟團隊要解決的挑戰一樣，
都變得日益複雜，這兩位作者從績效的
觀點來看團隊運作，發人深省，也說明了，
高績效團隊和低績效團隊，差別在哪裡。

第九章

打造團隊力

The Discipline
of Teams

H
B
R

Jon R. Katzenbach 瓊・卡然巴哈

卡然巴哈合夥公司（Katzenbach
Partners）創辦人兼資深合夥人，公
司業務是提供策略與組織顧問諮詢。
他曾擔任麥肯錫顧問公司（McKinsey
& Company）的高階主管，著有《自
豪比金錢更有效：世界最強的激勵
力量》（*Why Pride Matters More Than
Money: The Power of the World's
Greatest Motivational Force*, Crown
Business, 2003）。

Douglas K. Smith 道格拉斯・史密斯

組織顧問，曾任麥肯錫公司的合夥
人。著有《談價值和價值觀：在自
我中心的時代用不同的方式思考團
體》（*On Value and Values: Thinking
Differently About We in an Age of Me*,
Financial Times Prentice Hall, 2004）。

看到瓊‧卡然巴哈（Jon Katzenbach）和道格拉斯‧史密斯（Douglas Smith）寫有關「團隊」的文章時，討論到高績效的議題，一點也不讓人意外。彼得‧杜拉克（Peter Drucker）也許是率先點出以團隊為基礎的組織能創造高成效，但卡然巴哈和史密斯寫的文章，讓企業能夠真正實踐杜拉克的想法。

兩位作者發表的這篇突破性文章中指出，如果

人們使用「團隊」這個詞太過浮濫，
反而阻礙我們學習和應用紀律以創造好績效。

經理人想要針對團隊作出更好的決策，就必須把「團隊是什麼」界定清楚。他們定義團隊是「為數不多的一組人，擁有相輔相成的技能，致力於共同的目的和做法，以及一組績效目標，並共同負起責任」。這個定義，為團隊立下紀律，團隊必須要共同遵守這些紀律，才能發揮效能。

　　卡然巴哈和史密斯討論了促使團隊順利運作的四個要素：共同的承諾和目的、績效目標、相輔相成的技能和共同責任。他們也把團隊分成三種類型，分別是：提出建議的團隊、動手做事的團隊，以及管理事情的團隊。並說明每一種類型的團隊如何面對不同挑戰。

說「團隊」太浮濫
鬆散、表現差的，只能稱「團體」

　　1980年代初，比爾‧葛林伍德（Bill Greenwood）和一小群行事不按常理的鐵路從業人員，接掌伯靈頓北方公司（Burlington Northern）大部分的高層管理職務，同時不顧公司內部群起反對，甚至憤怒，毅然開辦「聯運搭載」（piggybacking）業務，營收高達數十億美元。惠普公司（HP）的醫療產品事業群（Medical Products Group）績效令人刮目相看，主要歸功於迪恩‧莫頓（Dean Morton）、路‧普萊特（Lew Platt）、班‧何姆斯（Ben Holmes）、迪克‧艾爾伯丁（Dick Alberding），以及少數一些同事出色的表現，努力重振其他人已經不抱任何希望的醫療保健業務。吉姆‧貝頓（Jim Batten）「以顧客為念」的願景，深植在偉

達（Knight Ridder）報業集團的《塔拉哈西民主報》（*Tallahassee Democrat*）裡，14位滿懷熱情、身體力行的第一線員工，將原本只強調消除錯誤的規章，化為大刀闊斧的變革使命，帶領整份報紙跟著他們開步走。

以上所說的，是一些精采的團隊故事。這些才是真正的團隊（team），它們交出優秀的成績，不像有些散漫的團體（group），我們稱他們為「團隊」，只是為了激勵和振作士氣。表現好的團隊，和表現不好的團體，兩者的差異很少人注意。一部分問題就出在大家太熟悉「團隊」這個詞和這個概念（見表1）。

至少，在我們為了撰寫《團隊的智慧》（*The Wisdom of Teams*, HarperBusiness, 1993）一書開始著手研究時，是這麼想的。我們希望找到造成團隊績效有高有低的因素、團隊在什麼地方和如何創造最好的績效，以及高層管理人員可以怎麼提升團隊的效能。我們訪談了三十餘家公司的五十多個各種團隊，受訪人數達數百人，包括摩托羅拉（Motorola）、惠普、沙漠風暴作戰計畫（Operation Desert Storm）和女童軍等。

我們發現，團隊必須遵守基本的紀律，才能運作，而且「團隊」和「好績效」是不可分的，兩者缺

表1：團體、團隊大不同

工作團體	團隊
■強勢、聚焦清楚的領導人	■成員分攤領導人的角色
■個人的責任	■個人和共同的責任
■團體的目的和更廣大組織的使命相同	■由團隊自行提出的特定團隊目的
■個人的工作成果	■集體的工作成果
■開會很有效率	■鼓勵開放式的討論，開會時主動積極解決問題
■用間接方式評估團體的成效，像是衡量這個團體對其他事項（例如事業單位的財務績效）的影響	■直接用評估集體工作成果的方式，來衡量績效
■討論、決定和授權	■一起討論、決定和實際執行工作

一不可。但人們使用「團隊」這個詞太過浮濫，反而阻礙我們學習和應用紀律以創造好績效。經理人必須更精確地了解團隊是什麼、不是什麼，才能夠判斷是否、何時或如何鼓勵（或運用）團隊。

「合作」的價值觀
傾聽、信賴、支援，才能提升績效

　　大部分高階主管都鼓吹團隊合作，他們的確應該

這麼做。團隊合作代表一組價值觀：鼓勵以積極正面的態度，傾聽和回應別人的看法；在不確定的狀況下仍願意信任別人（giving the benefit of the doubt）；提供支援；認可別人的興趣和成就。這些價值觀幫助團隊有好的表現，而且，除了提升整個組織的績效，也能促進個人的績效。但團隊合作的價值觀本身，不是

> 經理人必須更精確地了解團隊是什麼、不是什麼，才能夠判斷是否、何時或如何鼓勵（或運用）團隊。

團隊獨有，也不足以確保團隊績效（見表2「創造團隊績效」）。

並不是只要有一群人在一起工作，就算是團隊。委員會、協調會、任務小組，不見得都是團隊。團體不會因為某人稱它們為團隊，就成了團隊。任何複雜大型組織的全體員工絕不算是團隊，但我們還是常聽到人們濫用團隊這個詞。

要了解團隊如何創造更好的績效，我們必須區分

團隊和其他形式的工作團體（working group）。這是根據績效產生的方式來區分。工作團體的績效，是看成員各自做了什麼事。團隊的績效，則包括個人的成果，以及我們所說的「集體工作成果」（collective work product）。集體工作成果需要兩位或更多成員合作才能達成，例如，面談、調查或實驗。集體工作成果，是團隊成員共同努力的結果。

在大型組織中，最重要的就是個人責任，因此工作團體非常盛行，而且有效。最好的工作團體，成員聚在一起分享資訊、觀點和見解；作出決定，協助每個人把工作做得更好；而且能夠強化個人的績效標準。但工作團體的重點，總是放在個人的目標和責任上。工作團體的成員，除了本身的成果，不必為其他的成果負責。他們也不必集合兩位或多位成員的力量，貢獻更多的績效。

團隊在根本上有別於工作團體，因為團隊既要求個人負起責任，也要求共同負責。團隊的運作不只依賴團體商量、辯論和決策，也不只是分享資訊和建立最佳實務的績效標準。團隊經由成員的合力貢獻，創造出團隊獨有的工作成果。因此，團隊的績效水準，才有可能高於團隊成員所有個人最佳績效的總和。簡

單地說，團隊大於它各個部分的總和。

「紀律」要嚴明
獻身於共同目標，並共同負責

要發展出一套紀律嚴明的團隊管理方法，第一步就是，將團隊看成可以創造績效的獨立單位，而不只是呈現一些價值觀。我們觀察過許多成功及失敗的團隊，也和他們共事過，才提出下面的看法。讀者可以把它看成是團隊的「工作定義」（working definition），但更好的做法，是把它視為真正的團隊都必須遵守的基本紀律：為數不多的一組人，擁有相輔相成的技能，致力於共同的目的和做法，以及一組績效目標，並共同負起責任。

團隊的要素，是共同的承諾（common commitment）。少了它，便只是看個人表現的團體；有了它，團隊才會成為可以創造集體績效的強大單位。這種承諾，首先需要一個團隊成員都相信的目的（purpose）。例如，「將供應商的貢獻化為顧客滿意度」、「讓我們能再度以公司為榮」，或是「證明所有的孩子都能學習」。讓人信服的團隊目的，包含下面這些精神：贏、成為第一、掀起革命性的變化，或是

表2：創造團隊績效

要創造團隊績效，並無保證有效的方法，但我們發現許多成功團隊有一些共同的做法。

方法1：製造急迫感、要求高績效目標

必須讓所有的團隊成員相信，團隊有急迫和值得去達成的目的，而且他們要知道團隊對他們的期望是什麼。目的愈急迫、愈有意義，團隊愈可能發揮本身的績效潛力。例如，如果顧客服務團隊聽說，除非大幅改善顧客服務的成效，否則全公司不可能再成長，便會激發客服團隊努力達成目標。在急迫的環境中，團隊運作得最好。一些企業文化很強調績效的公司，通常都很樂意建立團隊，便是這個道理。

方法2：用人唯才或注重潛力，不看個性

團隊如果缺乏達成目的和績效目標所需的技能，便無法成功。不過，大部分團隊是在成立後，

才知道它們將來需要什麼技能。聰明的經理人挑選團隊成員時，是看他們現有的技能，以及改進現有技能和學習新技能的潛力。

方法3：特別注意初期的會議和行動

初期的印象很重要。即將組成團隊的一群人，在他們第一次聚會的時候，每個人都會留意其他人發出的訊號，來證實、保留，或去除原先假設和關切的事項。他們會特別留意擁有權威的人，包括團隊領導人，以及設立、督導或用其他方式影響團隊的所有高階主管。而且，這些領導人的行為比他們說的話重要。如果在團隊創立會議開始後十分鐘，高階主管便離開會議室去接聽電話，而且再也沒有回來開會，團隊成員看在眼裡，必然有所體會。

方法4：訂定清楚的行事規則

所有的高效能團隊，都會在一開始就設計好行事規則，以協助團隊達成目的和績效目標。初期最重要的規則包括：會議出席（例如「不得中途離席

接聽電話」)、討論(「沒有什麼不能碰觸的禁忌」)、
保密(「除了我們已經取得共識的事,其餘一概不得對
外透露」)、分析方法(「只看事實」)、最終成果取向
(「每個人都會分派到任務,必須切實執行」)、建設
性的衝突(「不任意苛責別人」),以及貢獻(「每個人
都要實際去做」),最後這一點往往是最重要的。

方法5:
掌握可立即產生績效的任務與目標

大部分的高效能團隊之所以能有進展,必須歸
功於一些關鍵性、績效導向的事件。若要創造這些事
件,可以立即設定一些可望在初期達成、具有挑戰性
的目標。少了績效成果,就不算是真正的團隊。愈早
提出成果,團隊就愈快凝聚。

方法6:不斷用新資訊來挑戰團隊成員

有了新資訊,團隊就能重新釐清、更加了解團隊
面對的績效挑戰,有助於團隊形塑共同的目的、訂定
更清楚的目標,以及改善團隊共同採用的做法。舉例

來說，工廠中的品質改善團隊知道，品質不良的成本很高，但要等到他們研究過不同類型的瑕疵，並計算出每一類瑕疵會浪費多少成本之後，才曉得接下來要從哪裡著手。但是，團隊如果以為單靠成員的集體經驗和知識中的資訊就夠了，不需要其他資訊，就很容易犯錯。

方法7：花很多時間共處

大家都認為，團隊成員必須花很多時間相處，不管事前是否約好要相聚，尤其是在團隊成立之初。團隊要激發有創意的見解，以及凝聚成員之間的感情，除了正經八百地分析試算表和訪談顧客之外，成員也要隨興和隨意互動。忙碌的高階主管和經理人，太常刻意把彼此相處的時間壓到最低。我們觀察過的成功團隊，都會找時間學習像個團隊那樣運作。相處的時

居於尖端優勢。

團隊致力塑造一個有意義的目的，才能發展出方向、動力和承諾。但是，要成員將團隊目的視為己

間不一定要面對面在一起，電子通訊、傳真、打電話也可以。

方法8：運用正面回饋、認可和獎勵的力量

在團隊中給成員正面的回饋，也能跟上述方法一樣產生很好的效果。給予成員「明星員工」之類的獎勵，可以鼓勵攸關團隊績效的新行為。舉例來說，如果有位內向的成員開始試著公開發言，貢獻自己的意見，其他成員就可以坦誠地給他正面回應，鼓勵他繼續貢獻。除了直接的薪資報酬，還有許多其他方法可以表揚和獎勵團隊的表現，例如高階主管直接和團隊談話，說明他們肩負的使命有多麼急迫；或是利用獎勵措施，表揚團隊的貢獻。但成員一起分享團隊績效帶來的滿足感，才是最彌足珍貴的獎勵。

任，並致力達成，並不代表團隊初期不能接受來自外部的指示。許多人認定，管理階層應該放手讓團隊自行去做，成員才會視團隊目的為己任。但這種說法實

際上反而讓（可能成型的）團隊感到混淆，而不是幫助它們。當然，也有例外的情況，團隊成員完全按自己的意思訂定目的，創業團隊便是一例。

　　大部分成功的團隊，都會設法因應一路遇到的需求或機會，來塑造本身的目的，通常是高層管理人員要求他們這麼做的。這麼做，可以讓團隊從一開始

> 只要階層或部門界限阻礙各種技能和觀點產生，
> 以致無法獲得最佳成果，團隊便有存在的價值。

就將公司對他們的績效期望納入考量。管理階層要負責釐清團隊的規章、理論依據和績效挑戰，但也必須給團隊夠大的彈性，允許他們自行思考詮釋團隊的目的、明確的各項目標、時程和做法。

　　一流團隊會投入龐大的時間和心力，去探討、形塑某個屬於他們全體，也屬於個人的目的，並取得共識。在團隊存續期間，都要持續調整塑造目的。相形

之下，失敗的團隊極少發展出共同目的。失敗團隊的成員並沒有攜手合作，共同面對具有挑戰性的期望，可能的原因包括：對績效注意不足、努力不夠、領導不良。

　　一流團隊也會把它們的共同目的，化為具體明確的績效目標，例如，減低供應商的退貨率50%，或是把畢業生通過數學考試的比率從40%提高到95%。其實，如果團隊沒有建立明確的績效目標，或者，那些目標和團隊的整體目的缺乏直接關聯，團隊成員就會感到混淆、離心離德，績效退步至原先的平庸水準。相較之下，如果目的和績效目標相得益彰，再結合團隊的共同努力，這些目的和績效目標便會成為推升團隊績效的有力引擎。

化「指令」為目標
促進共同努力、內部溝通、專心一致

　　團隊為成員訂定有意義的目標，最可靠的第一步是，把廣泛的指令，化成明確、可以衡量的績效目標，例如，新產品上市時間低於正常時間一半，24小時內回應顧客的所有要求，以及達成零缺點率、同時縮減成本40%，這類明確的目標能為團隊提供堅實的

立足點。這麼做的理由如下：

- **明確的團隊績效目標，可用以界定團隊希望達成的工作成果**，它們既不同於整個組織的使命，也不同於個人的工作目標。因此，這種工作成果需要團隊成員集體努力，創造一些具體明確的事物，為最後成果增添實質的價值。相形之下，只靠時常聚在一起作決策，並不能維持團隊的績效。

- **釐清績效目標，有助於團隊內部清楚溝通，以及出現建設性的衝突**。假設工廠層級的團隊設定目標，準備將平均換機時間減為兩個小時，由於目標明確，整個團隊都會專注於思考該如何達成那個目標，或是考量是否該重新思考目標。但若是目標模稜兩可或不存在，討論如何達成目標或是否改變目標，都不會有太大成效。

- **明確的目標比較可能達成，有助於團隊成員專心一致，努力取得成果**。禮來（Eli Lilly）的周邊系統事業部產品開發小組，為一種超音波探測器的上市時程訂定相當明確的標準。這種探測器是用來協助醫生確定深層靜脈和動脈的位

置，必須經由一定深度的組織細胞傳出聲音訊
號，並以每天一百單位的速度製造，而且單位
成本必須低於原定的水準。由於團隊能夠衡量
每一個明確目標的工作進度，因此在整個開發
過程中，團隊隨時都知道目前的進展，了解是
否已經達成目標。

■ 我們從外展訓練（Outward Bound）和其他建立
團隊的計畫得知，**明確的目標會產生一種拉平
效應**（leveling effect），**可以增進團隊共同的行
為**。當一小群人自我挑戰，要翻越一道牆，或
縮短週期時間50％，他們各自的職銜、津貼福利
和其他的特性，就變得不那麼重要。成功的團
隊會評估每個人對團隊的目標最能貢獻什麼，
以及如何貢獻，更重要的是，只從績效目標來
考量，不看一個人的身分地位或個性。

■ **明確的目標，能讓團隊在追求更廣泛目的過程
中，取得一些小勝利**。這些小勝利十分寶貴，
因為可以促進團隊成員共同努力，並克服在追
求長期目的過程中難免出現的障礙。比方說，
本文一開始提到的偉達的團隊，把原本只重視
消除錯誤的狹隘目標，化為令人信服的顧客服

務目的。

■ **績效目標的力量非常強大。** 它們象徵能鼓舞士氣、振作人心的成就。它們會讓人（以團隊成員的身分）投入共同目標，創造可觀的成績。團隊成員共同將眼光投向可能達成、但挑戰性很高的目標，成員會感受到強烈的戲劇性，迫切地想完成任務，十分害怕失敗，這些感受都會驅策著團隊成員努力前進。除了這個團隊，別人不可能達到那個目標，因為那是這個團隊的挑戰。

「成員」不求多
人數一多互動難，更遑論共事

團隊目的和明確的目標結合起來，是創造優異績效的根本。兩者脣齒相依，有了明確的目標，目的才能維持重要性，反之亦然。清楚的績效目標，能幫助團隊追蹤工作進度，並負起責任；而團隊目的當中涵蓋的更廣泛、甚至更崇高期望，能讓成員感到自己的投入意義重大，士氣高昂。

我們見過、讀過或聽過、甚至參與過的高效能團隊，成員人數都介於2到25人之間。比方說，伯靈頓

北方公司的聯運搭載團隊，成員共七人，偉達報業的團隊有14人。絕大多數團隊，成員少於十人。一般認為，團隊人數少，主要是根據實務經驗，而不是運作成功的必要條件。人數多達五十或更多人，理論上還是可以組成團隊。但這麼大的團體不太可能像單一單位那樣運作，比較可能分拆成幾個次團隊。

因為人數一多，就比較難有效地像個團體般互動，更難真正攜手共事。十個人遠比五十個人容易化解個人、部門和層級上的差異，合力執行計畫，一起為成果負責。

大團體也要面對比較多的後勤支援問題，例如，需要找時間和夠大的空間開會。而且，會受到許多複雜因素的限制，例如，群眾行為（crowd or herd behaviors）會阻礙成員彼此密集分享各種觀點，而這卻是建立團隊需要的過程。因此，他們雖然試著發展共同的目的，結果只產生膚淺的「使命」（mission）和立意良善的想法，無法把這些使命和想法轉化成具體目標。他們往往很快就會覺得，開會不過是例行雜事；這是很清楚的訊號，表示團體中大部分人除了知道要和睦相處，並不明白為什麼要聚在一起開會。有過這種經驗的人都了解，這種情況很讓人挫折。像這

種失敗的團體運作，往往會讓成員變得很愛嘲諷批評，阻礙了團隊將來的發展。

需要三大「技能」

團隊除了要有適當的規模，也必須發展各類應有的技能；也就是說，做好團隊工作所需的各項彼此互補技能。不少運作失敗的團隊，都是因為缺少這類技能。團隊需要的技能，包括以下三種。

團隊技能 1
技術性或功能性專長

在就業歧視的訴訟案中，請一群醫生上法庭沒有什麼意義。可是在醫療疏失或個人傷害的案件中，醫生和律師團隊經常列席審查。同樣地，產品開發小組如果只有行銷專家或工程師參與，往往不太可能成功；但如果讓具備這兩種互補專長的人共同參與，成功的可能性就比較高。

團隊技能 2
解決問題和決策的能力

團隊必須能夠認清他們面對的問題和機會、評估

可以採取行動的各種選項，然後作必要的權衡取捨，決定如何前進。雖然許多人最適合在工作中培養那些能力，但大部分團隊一開始，便需要有一些成員擁有這些技能。

團隊技能 3
擅長人際關係

有效的溝通和建設性的衝突，才能讓團隊成員彼此了解，並產生共同的目的。有效溝通和建設性的衝突，就需要靠人際關係的技能，包括風險承擔、實用的批評、客觀性、積極地傾聽、在不確定的狀況下仍願意信任別人，以及認可別人的興趣與成就。

若沒有最基本的技能互補，尤其是技術性和功能性的技能，團隊顯然難以起步。然而，我們在參與某個團隊時，常發現團隊成員的選擇標準，主要是看他們合不合得來，或是他們的正式職位，而不太考慮成員的技能是否能相互搭配。

不過，選擇團隊成員時，過度強調技能的重要性，也是同樣常見的問題。我們見過的所有成功團隊，都不是在一開始便擁有全部所需的技能。舉例來說，伯靈頓北方公司的團隊想要突破績效瓶頸，必須

從行銷著手，起初卻沒有一位成員的專長是行銷。其實我們發現，要取得達成團隊績效目標所需的各項技能，在團隊中培養那些能力是個好方法。因此，在選擇團隊成員時，除了要看他原有的技能，也應該看他是否有潛力發展其他技能。

不共事就沒「共識」
只有「一起」開會，團隊難長久

高效能團隊會促使成員採用共同的做法，也就是說，他們會合作達成共同的目的。團隊成員必須取得共識，確定特定的工作由誰去做、時間表如何設定與遵循、需要培養什麼技能、怎樣才能繼續留在這個團隊、團隊如何作決策和修正決策。團隊要達成績效，就必須致力採用共同的做法達成團隊目的，這一點跟團隊必須致力達成目的和目標是一樣重要的。

要找到共同的做法，最重要的步驟是，讓成員在下面兩件事取得共識：工作的細節；以及如何搭配工作細節來整合每個人的技能，並提升團隊績效。如果將所有的實質工作授權給少數幾位成員（或團隊以外的人）去做，團隊成員唯一能夠「一起工作」的機會就是檢討和開會時，這種做法難以長久維持真正的團

隊。成功團隊的每一位成員，都會做相同分量的實質工作；包括團隊領導人在內的所有成員，都對團隊工作有具體貢獻，這是提升團隊績效的情感要素。

每個人進入團隊時（特別是企業團隊），本來都有奉命必須執行的工作，每個人也都各有優、缺點，這些優缺點反映大家有不同的才能、背景、個性和成見。唯有共同探索和了解，尋求如何把所有的人力資源運用到共同目的上，團隊才能共同發展出達成目標的最佳做法。這是個漫長而艱辛的互動過程，其中最重要的，是建立共同承諾的過程，在這個過程中，團隊坦誠探討每一項任務最適合由誰來負責，以及如何整合每個人扮演的角色。團隊可說是在成員之間訂立社會契約（social contract），這個契約和團隊目的有關，能夠引導和要求成員該怎麼一起工作。

一個團體必須像團隊那樣要求自己負起責任，才能成為團隊。共同的責任，就像共同的目的和做法一樣，也是個嚴厲的考驗。不妨想想「老闆要我負起責任」和「我們自己負起責任」這兩句話之間微妙卻十分重要的差別。前者可以導致後者，但少了後者，就不會有團隊。

像惠普和摩托羅拉之類的公司，擁有強調績效的

企業文化，每當績效明顯遇到瓶頸，需要集體而非個別的努力才能克服時，團隊就會自然形成。這些公司中，成員共同承擔責任是很常見的事。「同舟共濟」是他們創造績效的方法。

「共同」的責任感
高效能團隊必備，更讓個人成長

團隊責任感的核心在於，真心誠意地對我們自己

每一家公司都面對獨特的績效挑戰，
團隊正好是最高管理階層可以善加運用、最切合
實際的強力工具。

和其他人立下約定。創造高績效團隊的兩項要素「承諾」和「信任」，都必須以這種約定為基礎。大部分人加入團隊時都十分謹慎，因為個人至上這種根深柢固的心態和經驗，讓我們不想將自己的命運交給別人，或是為別人扛起責任。團隊如果忽視或不願接受這種行為，是不會成功的。

　　我們無法強迫人們彼此信任，同樣也無法強迫團隊產生共同的責任感。但團隊若是擁有共同的目的、目標和做法，自然就會產生共同的責任感。成員必須投入時間、精力和採取行動，探討團隊想要達成什麼，以及如何最能有效達成；如此就能產生共同的責任感，而責任感又會驅使成員投入更多時間和精力投入上述的工作。

　　當人們攜手共事，朝向共同的目標邁進，自然就會產生信任和承諾。因此，有強大共同目的和做法的團隊，成員自然就會為團隊績效負起個人和團隊的責任。這種共同的責任感，也會為團隊締造佳績，贏得豐厚的獎勵，讓全員共享。我們一再聽到高效能團隊的成員說，他們發現，參與團隊的經驗讓他們活力充沛和士氣高昂，這是在他們「正常」工作中難以獲得的。

　　相反地，聚集一些人，主要只是為了形成團隊，或是為了改善工作、溝通、組織效能或追求卓越，這樣是不太可能會形成高效能團隊的。許多公司都有過類似經驗，例如試驗採行品質圈（quality circle），卻不曾將品質化為具體明確的目標，事後當然對這類團體的評價不高。在設定合適的績效目標後，必須討論目

標和達成目標所用方法,唯有在這個討論的過程中,才會讓團隊成員有更清楚的選擇:他們可以不同意某個目標,以及團隊選定的途徑,然後選擇退出,或者,他們可以努力投入,和團隊伙伴一起負責,也對團隊伙伴負責。

分成「三類」團隊

我們之前談到的團隊紀律,攸關所有團隊的成敗。接下來,我們再進一步討論團隊的種類。大部分團隊可以分成三類:提出建議的團隊、動手做事的團隊、管理事情的團隊。根據我們的經驗,每一類團隊都各自面對一些獨特的挑戰。

類型1
提出建議的團隊

這種團隊包括任務小組、專案小組,以及奉命研究和解決特殊問題的稽核、品質或安全小組。大部分的建議型團隊,事先訂有解散日期。這種團隊特有的要務有兩項:快速而有效地組成團隊;任務完成後,將建議事項移交給其他單位執行。

第一件要務的關鍵,在於清楚的團隊章程,以及

成員的組成。任務小組除了必須知道它們的努力為何和如何重要，還必須知道管理階層希望誰參與，以及需要投入多少時間。管理階層幫得上忙的地方，是確定團隊裡包含具備必要技能和影響力的人員，能規畫切實可行的建議，而且能讓整個組織都很重視這個團隊的建議。此外，管理階層應該敞開大門，讓團隊成員在需要時都能找到他們，並代為處理政治問題，如此就能協助成員進行必要的合作。

沒有做好交接工作，往往會妨礙建議型團隊發揮功能。為了避免發生這種事，管理高層必須投入時間和精力，協助將建議事項移轉給負責執行的人。高層管理人員愈認為建議會「自動執行」，就愈不可能發生。任務小組成員愈深入參與他們所作建議的執行面，建議愈有可能被執行。

如果負責執行的人是任務小組以外的人，在過程中就應該盡早頻繁地邀請那些負責執行的人參與，尤其要在建議定案前讓他們參與。參與可以有很多種形式，包括參加面談、協助分析、提出和批評構想、執行實驗和嘗試。至少在任務小組展開工作之初，以及定期檢討進度的會議上，應該要向負責執行的人簡報任務小組的目的、做法和各項目標。

類型 2

動手做事的團隊

這些團隊的成員都是處於或接近最前線的人,他們負責執行基本的製造、開發、營運、行銷、銷售、服務,以及業務上其他的加值型工作。除了新產品開發或流程設計團隊等少數例外,做事的團隊通常都沒有設定解散日期,因為它們的作業活動必須持續執行。

高階管理人員如果要確認團隊的成果在哪些地方能發揮最大功效,應該集中心力在「關鍵交付點」(critical delivery point)。所謂的關鍵交付點,就是組織中最能直接決定公司產品和服務的成本與價值之處,例如,管理客戶、執行客戶服務、設計產品、決定生產力的地方。如果關鍵交付點的績效必須仰賴即時結合各種技能、觀點和判斷,設立團隊就是最聰明的選擇。

如果組織確實需要在這些關鍵點上大量設立團隊,如何讓那麼多團隊的績效達到最高水準,是個很大的挑戰。這時候,需要仔細架構一套以績效為焦點的管理流程。高層管理人員必須知道如何建立必要的

系統和提供流程支援，卻不會掉入只為了設立團隊而設立的陷阱。

回到我們先前討論的團隊基本紀律問題，重點在於時時以績效為念。如果管理階層未能持續關注團隊和績效之間的關係，整個組織就會以為「我們今年的工作就是建立『團隊』」。高層管理人員應該針對團隊當前的需求，制定及實施一些流程，例如給薪辦法和教育訓練計畫；但最重要的是，高層管理人員必須對團隊提出清楚而強烈的要求，然後持續注意團隊的基本管理工作和績效成果進展到什麼程度。這表示他們應該專注於特定團隊和特定績效問題，否則「績效」也會跟「團隊」一樣，成了陳腔濫調。

類型 3
管理事情的團隊

儘管許多領導人把向他們直接報告的團體稱作團隊，真的稱得上團隊的團體卻少之又少。而成為真正團隊的團體，又很少自認是團隊，因為它們太專注在績效成果上。可是上自企業的最高層，下至事業部或部門的層級，不少團體都有機會成為團隊。不管這個團體掌管幾千人，還是只有少數幾個人，只要這個

團體督導某種業務、持續進行的計畫或重大的部門活動,都屬於管理型團隊。

「評估」利弊得失
組成團隊的績效更好,風險也更大

這類團隊面對的主要議題,是確定採用真正團隊的做法是否正確。負責管理事情的許多團體,像工作

> 每一家公司都面對獨特的績效挑戰,
> 團隊正好是最高管理階層可以善加運用、最切合
> 實際的強力工具。

Managing
People

團體那樣運作,比成為團隊的成效更好。到底要不要組成團隊,其中關鍵的判斷標準是:個人最佳表現的總和,是否足以達到眼前的績效要求;或者,這個團體必須在個人績效總和之外,多創造一些績效,而這些績效必須靠大家合作才能達成。採用團隊的做法,可望得到更好的績效,卻也帶來更大的風險,經理人必須誠實評估兩者的利弊得失。

　　人們的本性總是不願將命運託付給別人，團隊成員恐怕必須克服這種抗拒心理。但假冒團隊的代價很高。比較好一點的後果是，假冒團隊使成員無法專注於個人目標、成本超過效益、人們痛恨強加在他們身上的優先要務和多花的工作時間等。最糟的情況是，產生嚴重的憎惡心理，結果，原本若是採用工作團體的方式運作可望得到的個人最佳表現，卻因為假冒團隊而大打折扣。

　　工作團體承受的風險比較少。高效能的工作團體，不需要花太多時間去設立團體的目的，因為領導人通常早有方向。會議是根據已經設定好優先順序的議程來進行；並且透過明確的個人工作指派和職責分配，來執行決策。因此，如果每個人都做好自己份內的工作，就可以達到績效目標，那麼採用工作團體的做法，通常會比試圖取得不易掌握的團隊績效水準，要來得輕鬆自在、風險較低，干擾破壞也比較少。如果不需要採用團隊運作來達成績效，那麼把心力用在改善工作團體的效能，會比一再費力嘗試成為團隊要合理得多。

　　雖然如此，我們相信，團隊能使績效水準更上一層樓，這一點對愈來愈多的公司日益重要，特別是當

公司正在進行重大變革，許多同仁都必須改變行為才
能提振績效時，團隊尤其重要。如果高層管理人員運
用團隊來管理事情，一定要確定團隊能找到明確的目
的和目標。

「組成」的難題
本位主義充斥，高層不肯親身執行

下面是管理型團隊的第二大問題。這個問題是，

> 團隊不但不會
> 取代現有的結構，還會強化它們。

團隊往往把組織整體的使命，和它們這個高層小團體
本身的目的混為一談。要組成真正的團隊，必須遵守
下面這項紀律：這個小團體必須要有本身特有的團隊
目的，而且團體成員必須實際創造一些個人成績之外
的成果。如果一群經理人只以自己負責管理的單位創
造的業績，去評估整個組織的成效，那個經理人組成

的團體本身就沒有任何團隊績效目標。

　　各種團隊的基本紀律都一樣，但是高層團隊的運作必定最困難。它遇到的難題包括：未來面臨的複雜挑戰、高階主管需要投入很多時間，以及高階人員根深柢固的個人主義等複雜因素。但是，高層團隊的力量卻也最強大。我們起初認為，這種團隊幾乎不可能存在。但那是因為我們觀察的是正式組織結構定義下的團隊，這種高層團隊包括組織領導人，以及他所有的直屬部屬。後來我們發現，真正的高層團隊，通常人數比較少，也比較不那麼正式：例如，高盛（Goldman Sachs）的約翰‧懷海德（John C. Whitehead）和約翰‧溫柏格（John Weinberg）；惠普的比爾‧惠烈（Bill Hewlett）和戴夫‧普卡德（Dave Packard）；波爾公司（Pall Corporation）的艾瑞克‧柯拉斯諾夫（Eric Krasnoff）、大衛‧波爾（David Pall）和莫理斯‧哈帝（Maurice Hardy）；百事可樂（Pepsi）的唐納德‧甘德爾（Donald M. Kendall）、安卓‧皮爾森（Andrall E. Pearson）和魏恩‧凱洛威（Wayne Calloway）；李維‧史特勞斯（Levi Strauss）的彼得‧哈斯（Peter E. Haas）和華特‧哈斯（Walter A. Haas）；偉達的吉姆‧貝頓和安東尼‧偉達（P. Anthony

Ridder）。他們大多是兩人組或三人組，偶爾屬四人組。

不過，大型而複雜的組織中，眞正的高層團隊仍很少見。有太多大公司的高層團體，因爲許多錯誤觀念，而無法創造眞正的團隊可以達到的績效水準。

這些錯誤觀念包括：他們以爲所有的直屬部屬，都應該納入團隊；團隊的目標，必須和公司目標畫上等號；根據團隊成員的職位而非技能，來決定他們各自扮演的角色；團隊必須永遠是個團隊；團隊領導人不必實際動手做事。人們或許可以理解他們爲何會有這些想法，但這些想法多半都是沒有根據的，不適用於我們觀察過的高層團隊。假如改採比較務實和彈性的想法，就可以運用我們提出的團隊紀律，也就能創造眞正的高層團隊績效。此外，愈來愈多公司需要管理全公司的重大變革，因此我們會見到更多眞正的高層團隊設立。

「個人」發展無限
團隊績效高，也讓成員更上層樓

我們相信，在高績效組織中，「團隊」會成爲創造績效的首要單位。但這並不表示團隊會排擠個人的

機會，或是正式的職位階層與流程。恰恰相反，團隊不但不會取代現有的結構，還會強化它們。只要階層或部門界限阻礙各種技能和觀點產生，以致無法獲得最佳成果，團隊便有存在的價值。

因此，新產品創新需要藉由組織架構，來確保產品功能的優異性，但同時也要透過團隊，消除部門的偏見。第一線員工的生產力，需要由各階層主管來指示方向，提供指引，同時透過自我管理的團隊，發揮成員的活力和彈性。

我們深信，每一家公司都面對獨特的績效挑戰，團隊正好是最高管理階層可以善加運用、最切合實際的強力工具。因此高階經理人的重任是關心公司的績效，以及哪一種團隊能創造所需的績效。這表示，最高管理階層必須認清團隊創造成果的獨特潛力；如果情況最適合採用團隊來執行工作，就策略性地部署運用團隊；培養團隊的基本紀律，以發揮功效。若能做到這些，最高管理階層就可以營造一種環境，讓團隊順利運作，也讓個人和組織都能創造績效。

（羅耀宗譯自 "The Discipline of Teams," *HBR*, July-August 2005）

Managing People

M

如果能在相互尊重、彼此
了解的基礎上，建立與上司的關係，
不管是你還是你的上司，
都能創造出比現在更好的績效。

第 十 章

「管理」你的上司

Managing
Your Boss

約翰・賈巴洛
John J. Gabarro

哈佛商學院人力資源管理講座教授。

約翰・科特
John P. Kotter

哈佛商學院領導學講座教授，著有多本書籍，最新著作爲《與獅子對話》（*Buy-in: Saving Your Good Idea from Getting Shot down*，繁體中文版由天下文化出版）。

二十多年前，約翰·賈巴洛及約翰·科特就經理人與上司間的關係，提出一個極有價值的新視角，確認兩者相互依賴的關係。

其實，上司需要合作、可靠、誠實的直屬部屬，經理人則仰賴上司聯繫公司其他人士、確定優先事項，以及取得關鍵資源。如果你跟上司的關係不佳，必須由你主動把關係調整好。如果你能了解上司的優缺點、優先事項和工作風格，然後耐心地跟上司建立有效的工作關係，對大家都有好處。

本文面世後，二十多年來真正改善了管理實務。它簡單卻有力的建議，改變了人們的工作方式，幫助無數經理人與上司改善關係，實實在在地提升了企業獲利。這些年來，本文的建議已成了世界各地商學院，以及企業培訓課程中，不可或缺的內容了。

有自覺地與上司合作

對許多人來說，「管理你的上司」這種說法，可能顯得不尋常，甚至可疑。大多數組織向來強調由上而下的管理方式，因此，你或許不太明白，為什麼需

要管理跟上司的關係；當然，除非你是出於個人或權謀考量而這麼做。但我們要講的，並不是權術操作或拍馬逢迎。我們使用這個說法，是指你應有自覺地與上司合作，致力為自己、上司，以及公司爭取最佳績效。

最近一些研究顯示，高效能的經理人不僅會將時間和精力，花在管理跟部屬的關係上，也很重視跟上司的關係。這些研究還顯示，管理對上關係雖然是經理人的關鍵工作之一，但一些有能力，也很積極進取的經理人，卻忽略了這個環節。有些經理人雖然積極有效地管理部屬、產品、市場、技術，卻以近乎完全被動的方式面對上司。這種態度，幾乎總是對這些經理人，以及他們的公司造成傷害。

如果你懷疑管理與上司的關係是否真有那麼重要，或是真有那麼困難，請看以下這個可悲但發人深省的例子。

法蘭克・吉本斯（Frank Gibbons）是業內公認的製造部門天才，而且無論以哪一種獲利標準來衡量，他都是效能一流的高階主管。1973年，他憑著實力，升任主管製造部門的副總裁，當時他的公司在業內規模排名第二，獲利能力則最高。但身為主管的吉本

斯，並不擅長管人，而且不只他知道這一點，公司及
業內人士也都知道。考慮到這個弱點，公司總裁總是
選擇擅長與人合作的主管，來擔任吉本斯的直屬部
屬，以彌補吉本斯的不足。而這樣的安排，也都運作
得很好。

1975年，菲利普·邦內維（Philip Bonnevie）獲得
擢升，直接向吉本斯報告。總裁選擇邦內維，是延續
先前的做法，因為他過往的表現優秀，而且以擅長與

> 高效能的經理人堅持主動尋求完成任務必要的
> 資訊與協助，而不是等待上司伸出援手。

H
B Managing
People
R

人合作著稱。但總裁做這個決定時，忽略了一件事：
邦內維在公司快速升遷的過程中，碰到的都是很優秀
的上司。他從不曾遇到難相處的上司。邦內維事後檢
討時坦承，他從不曾想過，管理上司是他工作的一部
分。

在當了吉本斯直屬部屬14個月後，邦內維遭解

雇。就在那一季，公司七年來首度出現淨虧損。跟這些事件關係密切的許多人都表示，不清楚確實發生了什麼事。但我們知道，那家公司推出一項重要的新產品，需要業務、工程、製造部門緊密協調決策，但在那個過程中，吉本斯與邦內維之間發生一連串的誤解與不快。

例如，邦內維指稱吉本斯知道、並同意他選用一款新機器，來製造新產品，但吉本斯卻堅稱沒這種事。此外，吉本斯宣稱，他很清楚地告訴邦內維，這項新產品近期內對公司非常重要，不能冒任何重大風險。

因為諸如此類的誤解，業務規畫出了問題：公司蓋了一間新工廠，但無法按工程部的設計來製造新產品，產量無法滿足業務部的需求，而且超出高階主管委員會核准的成本水準。吉本斯和邦內維互相指責對方應為這個錯誤負責。

當然，你可以說，問題在於吉本斯沒能力管好部屬。但你也可以說，問題在於邦內維沒能力處理好跟上司的關係，這麼說同樣言之成理。別忘了，吉本斯跟其他部屬都合作愉快。邦內維個人已為此付出代價，包括丟掉工作，以及業內聲譽嚴重受損，因此即

使將問題歸咎於吉本斯不擅長管理部屬，也於事無
補。而且，那本來就是大家知道的事。

我們認為，要是邦內維更了解吉本斯，並處理好
跟他的關係，這件事可以有不同的結局。在這個案例
中，經理人無法管好對上關係，代價異常沉重。公司
損失兩百萬到五百萬美元，而邦內維的事業發展也被
擾亂了，至少暫時是如此。每家大企業應該也常發生
代價較輕的類似事件，但它們的累積效應，仍可能造
成重大的破壞。

誤解上司與部屬的關係

人們往往認為，我們前面描述的這種事，只不
過是因為性格衝突而造成的。這的確可能是貼切的說
法，因為上司與部屬有時會因為心理或個性上的衝
突，就是無法好好合作。但我們發現，性格衝突往往
只是問題的一部分，有時還是非常小的一部分。

邦內維不僅和吉本斯性格不同，他對上司與部
屬關係的性質，也有一些不切實際的假設和期望。確
切來說，邦內維並未意識到他跟吉本斯的關係，包括
了兩個**會犯錯的人**之間的**相互依賴**關係。經理人若未
意識到這一點，往往會迴避嘗試管理自己跟上司的關

係，或是未能有效管理這種關係。

有些人表現得好像上司並不十分依賴他們。他們看不出來，上司很需要他們的幫忙及合作，才能有效完成工作。這些人不願承認：他們的行為可能嚴重傷害上司，上司需要合作、可靠、誠實的部屬。

有些人則表現得好像自己並不十分依賴上司。他們掩飾了一個事實：為了做好自己的工作，需要上司提供大量的協助與資訊。如果經理人的工作與決定，會響組織的其他部門，這種膚淺的觀點，特別可能造成嚴重的後果，邦內維的情況就是這樣。經理人的直屬上司，可以發揮以下的關鍵作用：幫經理人跟組織中的相關人士建立聯繫、確保經理人的優先任務符合組織需要、為經理人取得有效完成工作所需的資源。但有些經理人覺得，只要靠自己大致就夠了，不需要上司提供的關鍵資訊及資源。

許多經理人跟邦內維一樣，假定上司很神奇地知道部屬需要哪些資訊及協助，然後主動提供給他們。確實有一些上司非常擅長以這種方式照顧部屬，但經理人如果期望所有的上司都這樣，就是不切實際的，後果堪慮。經理人期待上司會提供有限的幫助，是比較合理的。畢竟，上司也只是人。高效能的經理人大

多接受這個事實，並為自己的事業與發展承擔主要責任。他們堅持主動尋求完成任務必要的資訊與協助，而不是等待上司伸出援手。

根據以上所說的，我們認為，兩個會犯錯的人，如果想處理好彼此互相依賴的關係，必須做到以下兩點：

1. 你很了解自己和對方，尤其是彼此的長處、弱點、工作風格，以及需求。

2. 基於這份了解，你和對方發展並維持健康的工作關係，這種關係與雙方工作風格及資源都相合，彼此互有期望，同時能滿足對方最關鍵的需求。

我們發現，高效能經理人基本上正是這麼做的。

了解上司

如果想管理好自己的上司，必須充分了解上司，以及他與自己的處境。所有經理人或多或少都會這麼做，但許多人做得不夠周全。

你至少必須了解上司的目標與壓力、長處與弱點。上司有哪些組織及個人目標？他受到哪些壓力，尤其是來自他的上司及同儕的壓力？上司有哪些長處

管理上司事項清單

確保自己了解上司及他的處境，重點包括：

目標

壓力

長處、弱點、盲點

喜歡的工作方式

評估自己及自己的需要，重點包括：

長處與弱點

個人風格

對掌權者的依賴傾向

發展及維繫符合以下條件的關係：

跟上司、部屬的需求與風格都契合

彼此互有期望

讓上司持續了解情況

以誠實與可靠為基礎

審慎運用上司的時間及資源

與盲點？他喜歡什麼樣的工作方式？他喜歡藉由備忘錄、正式會議，還是電話交談獲取資訊？他樂見衝突，還是盡可能避免衝突？如果缺乏這些資訊，經理人跟上司打交道時，就會無所適從，勢必出現不必要的衝突、誤解及問題。

　　在我們研究的某個案例中，某位績效紀錄出色的頂尖行銷經理，獲聘為某家公司的副總裁，負責「解決行銷及銷售問題」。這家公司陷入財務困境，最近為一家規模較大的公司收購。總裁急於扭轉頹勢，他放手讓行銷副總裁自由發揮；至少起初是這樣。基於以往的經驗，新任副總裁做出正確判斷：公司必須擴大市占率；而要做到這一點，就必須加強產品管理。因此，他做了一些定價決策，希望刺激大銷量業務的營業額。

　　但隨著利潤率下跌，而公司財務狀況未見改善，總裁對行銷副總裁施壓。副總裁相信情況最終將因公司市占率回升而改善，便頂住了壓力。

　　但到了第二季，利潤率及獲利仍未見改善。於是，總裁直接控制所有的定價決定，不管銷量如何，為所有產品定下固定的利潤率。行銷副總裁開始發現自己遭總裁排斥，兩人關係惡化。副總裁認為總裁的行為很怪異。不幸的是，總裁的新定價方式也未能提升利潤率。到了第四季時，總裁及副總裁都遭到公司解雇。

　　副總裁太晚才發現，改善行銷及銷量不過是總裁的目標之一。總裁最急迫的目標，是改善公司的獲利

狀況，而且必須很快辦到。

副總裁也不知道一件事，就是總裁以改善獲利爲短期內的首要任務，既有生意上的原因，也有個人的考量。總裁是大力鼓吹母公司收購這家公司的人，因此這件事攸關他的個人聲譽。

知其然不知其所以然

副總裁犯了三個基本錯誤。他對表面的訊息照單全收，缺乏訊息的地方就自己假定，而最糟糕的是，他從不曾積極嘗試釐清上司的目標。結果他所做的事，和總裁的優先要務與目標背道而馳。

能和上司有效合作的經理人，是不會這麼做事的。他們會搜集有關上司的目標、問題及壓力的資訊。他們會把握機會，向上司及他身邊的人提問，印證自己的假定。他們會注意上司行爲隱含的線索。高效能經理人剛開始與新上司合作時，一定要做到上述那些事。但他們不僅在碰到新上司時才這麼做，平時也會持續進行，因爲他們知道，上司關心的事及當務之急，是會變的。

了解上司的工作風格有時極爲重要，特別是在碰到新上司時。舉一個例子，某公司總裁換人，新任

總裁做事重條理與形式，前一任則比較不重形式，喜歡憑直覺行事。新總裁獲得書面報告時，工作成效最好。他也喜歡設定好議程之後召開正式會議。

他底下一名部門經理發現這一點，因此與新總裁商討，了解新總裁想要哪些種類的資訊和報告，以及提報的頻率。這名經理人在和總裁討論事情前，還特意送上背景資料及簡要議程。他發現，做了這些準

> 反依賴或過度依賴，都會讓經理人對上司的角色，
> 抱持不切實際的看法。這兩類經理人忽略了一個事實：
> 上司跟所有人一樣，都有缺點，而且會犯錯。

備後，他們的會面非常有用。他還發現一個有趣的結果：在準備充分的情況下，就各種問題進行腦力激盪時，新上司比不重形式、重直覺的前上司，表現得更好。

相反地，另一名部門經理並不完全了解，新上司的工作風格跟前任有何不同。他的確感覺到有些不同，但他認為是新上司管太多了。因此，他極少為新

總裁提供他需要的背景資料，而總裁跟他會面時，總是覺得自己準備不足。總裁跟他見面時，大部分的時間都是用來取得一些資訊，而總裁認為那些資訊應該在開會之前就提報給他的。結果，上司覺得這種會面很沒效率、令人氣餒，而部屬則發現，上司常突然提出一些令他為難的問題。最後，這位部門經理辭職了。

這兩位部門經理的差別，主要不是工作能力，甚至不是適應能力的問題。他們的差別，只在於前者對上司的工作風格及需求更敏感而已。

了解自己

在上司與部屬的關係中，上司只是其中一半，另一半是你，而這一半的關係是你比較能直接控制的。若想建立有效的工作關係，你必須了解自己的需要、優缺點，以及個人風格。

你並不需要改變自己或上司的基本性格，但可以更清楚地了解，本身有哪些個人因素會妨礙，或是有助於自己跟上司共事，並據此採取行動，讓雙方的工作關係更有成效。

例如，在我們觀察的一個案例中，某位經理人跟

上司一旦意見不合，總是會陷入困境。上司的典型反應，是強化立場、誇大其辭。經理人則是強化主張，並增強自己論點的力道。經理人在怒氣之下，加強攻擊上司言論中的邏輯謬誤，而這使得上司更固執己見。可想而知，這種惡性循環，會讓部屬盡可能迴避任何可能引發與上司衝突的議題。

這名經理人跟同僚討論這個問題時發現，他對上司的反應，其實就是他面對反駁時的典型反應，唯一的差別是，他能在爭辯中壓倒同僚，但無法壓倒上司。他嘗試跟上司討論這個問題，但無功而返。他因此認為，改變局面的唯一方法，是控制自己的本能反應。因此，一旦他和上司討論問題時陷入僵局，他會抑制自己的不耐煩情緒，建議擱置爭論，彼此回去想想後再討論。等到恢復討論時，他們通常已能理性看待分歧，較容易達成共識。

要達到這種程度的自知之明，並據以行事，是相當困難的，但並非不可能。例如，某位年輕的經理人反省自身經歷後發現，自己不擅長處理涉及人的困難或情緒問題。他因為討厭這種情況，而且知道自己對這種問題的本能反應通常不是很好，便養成了一旦發生這類問題，就跟上司聯繫的習慣。而跟上司的討

論，總能帶給他一些自己沒想過的觀點與方法，很多時候，他們還能想出上司可伸出援手的具體方式。

別反應過度

雖然上司跟部屬之間，是一種互相依賴的關係，但部屬對上司的依賴，往往高過上司對部屬的依賴。部屬的行動或選擇，受制於上司的決定時，部屬總是會對自己對上司的依賴，感到某種程度的挫折，甚至是憤怒。生活中難免會碰到這種情形，最好的關係當中，也無法避免這種狀況。經理人如何處理這種挫折，大致取決於他的性格傾向：需要仰賴掌權者時，他多半會怎麼反應？

在這種情況下，有些人的本能反應，是對上司的權力忿忿不平，並反抗上司的決定。部屬有時會將衝突提高到不合理的程度。這種經理人幾乎將上司視為體制上的敵人，往往會不自覺地為對抗而對抗。這類部屬受制於上司時，反應通常很大，有時還會很衝動。他視上司扮演的角色為阻礙進步的力量，是必須避開的障礙，充其量也只能勉強忍受。

心理學家將這種反應，稱為反依賴行為。對大多數上司來說，反依賴型部屬很難管理，而這類部屬

跟上司的關係，通常也很緊張。而且，這類部屬若碰上喜歡支配人或有些專制的上司，往往會惹上更多麻煩。這類經理人流露負面情緒時，往往採取微妙、非言語的方式，在這種情況下，有時真的會把上司變成敵人。上司如果感覺到部屬的潛在敵意，會不再信任部屬或他的判斷，而且會變得更不開放。

　　弔詭的是，有反依賴傾向的經理人本身，往往是

上司如果感覺到部屬的潛在敵意，
會不再信任部屬或他的判斷，
而且會變得更不開放。

好上司，多半會額外出力為部屬爭取必要的支持，而且會毫不猶豫地對部屬伸出援手。

　　另一種極端的經理人則截然不同：他們知道上司做了差勁的決定時，會忍氣吞聲，順從行事。即使上司可能歡迎有人提出異議，或是上司只要獲得更多資訊，就會輕易改變決定，這類經理人仍會附和上司。如果他們跟眼前局面無關，他們這種順從的反應，就

跟反依賴型經理人一樣，都是過度反應。他們不把上司當敵人，反而否認自己的憤怒，這就是另一種極端反應，他們多半把上司當成英明的家長，理應了解一切、為部屬的事業發展承擔責任、訓練部屬學會該學的一切，並保護部屬免受野心勃勃的同儕傷害。

反依賴或過度依賴，都會讓經理人對上司的角色，抱持不切實際的看法。這兩類經理人忽略了一個事實：上司跟所有人一樣，都有缺點，而且會犯錯。他們並沒有無限的時間、無比淵博的知識或超感官知覺，他們也不是邪惡的敵人。他們有自己的壓力，以及關注的事，有時會跟部屬的期望有衝突；而這往往是有充分理由的。

如果不經過密集的心理治療，權威依賴傾向幾乎不可能改變，尤其是極端類型的，更是如此。因為精神分析理論及研究顯示，這種傾向深深植根於個人的性格及成長經歷中。但若能了解這些極端類型，以及中間類型，有助於了解自己的個性傾向，以及這種傾向如何影響你面對上司時的行為表現。

如果認為自己有反依賴傾向，你就能了解，甚至預測自己可能會有的反應與過度反應。而如果認為自己有過度依賴的傾向，或許可探究一下自己過度順

從，或是無力面對實質分歧，對自己及上司的效能造成多大損害。

發展及管理關係

清楚了解上司及自己後，通常可建立適合你們雙方的合作方式：彼此互有明確的期望，而且可以讓雙方的工作都更有成效。在「管理上司事項清單」這個表中，概略呈現了這種關係的一些要素，以下再另外提出一些。

要素1：
工作風格相合

良好的上司與部屬關係，必須能妥善處理工作風格上的差異，這一點特別重要。例如，在我們研究的一個案例中，某位跟上司關係不錯的經理人發現，上司跟他開會時常變得心不在焉，有時還會顯得唐突。這位經理人的講話方式有些散漫，探究各種不同的主題。他常脫離主題，轉而探討背景因素、替代方法等等。他的上司則喜歡在討論問題時，盡可能省略背景細節，一旦部屬偏離主題，就會不耐煩，而且無法集中精神。

　　認清這個風格差異後，這名經理人跟上司開會時，講話變得比較簡潔直接。為了幫自己做到這一點，他在開會前擬定簡要的議程，以備參考。每次覺得有必要講一些題外話時，會解釋原因。像這樣略微改變風格之後，會議的效率提升了，這位經理人及他上司的挫折感也大幅減少。

　　部屬可根據上司偏好的接收資訊方式，來調整自己的工作方式。彼得‧杜拉克（Peter F. Drucker）將上司分為「聆聽者」及「閱讀者」兩大類。有些上司喜歡接收以報告形式呈現的資訊，以便閱讀與研究。有些則喜歡聽取口頭報告，以便當場提問。就像杜拉克說的，這種差異的含意很明顯。上司若是聆聽者，你應親自向他報告事情，然後補上備忘錄。上司若是閱讀者，你應把重要事項或建議寫成備忘錄或報告，提交給上司，然後跟他討論。

　　部屬也應根據上司的決策風格，調整工作方式。有些上司喜歡在該做決策時，或者問題出現時，立刻就介入，他們是高度投入型經理人，希望時刻掌握營運動態。你若能跟這種上司時刻保持聯繫，通常最能滿足他及你的需求。喜歡介入的上司，總會以某種方式介入。因此，你若能主動讓他介入，通常對大家都

有好處。有些上司喜歡授權，他們不想事事介入。他們希望部屬來找他們時，是因為要報告重大問題或情勢轉變。

上司與部屬若想融洽合作，還必須互補長短。在我們研究的某個案例中，某位經理人知道，自己的上司「工程副總裁」不擅長監控員工問題，因此主動承擔這責任。這件事關係重大，因為工程師及技術人員

> 部屬如果消極地假定自己了解上司的期望，
> 勢必會遭遇重重問題。

全是工會成員，公司仰賴客戶的委託合約，而公司在不久前，才經歷一次嚴重的罷工。

這名經理人，跟上司、人事部及排程部門的同事緊密合作，盡力預防可能出現的問題。他還安排了一種非正式的做法，跟上司討論人事及工作分配政策的改革提案，然後再採取行動。上司重視他的意見，誇獎他提升了部門績效，也改善了勞資關係。

要素2：
互有期望

　　部屬如果消極地假定自己了解上司的期望，勢必會遭遇重重問題。當然，有些上司會非常具體、明確地說明自己的期望，但大多數上司不會這麼做。許多公司設有一些制度，上司和部屬可以透過那些制度來溝通彼此的期望，例如，正式的規畫程序、職業生涯規畫檢討，以及績效考核面談，但這種制度從不曾產生圓滿效果。而且，做完評估之後，到下次正式評估之前，期望難免還會改變。

　　了解上司期望這件事，責任終歸還是落在部屬身上。上司的期望可能很廣泛，例如，上司希望獲得報告的問題類型，以及何時獲得報告，也可能非常具體，例如，某個專案應在何時完成，以及完成之前上司需要哪些資料。

　　有些上司在表達時，往往很模糊或不明確，部屬可能很難讓這種上司明確說明期望。但高效能經理人會設法找出答案。有些人會寫一份詳細的備忘錄，具體說明自身工作的關鍵內容，提報給上司審核，然後找機會跟上司面談，逐點討論備忘錄中列出的事項。

像這樣討論之後，通常即可大致釐清上司的期望。

面對含糊其辭的上司，有些高效能經理人會持續主動跟上司非正式討論「優良管理」及「我們的目標」這種議題。還有一些經理人會較間接的方式，尋找有用的資料，例如，詢問上司以前的部屬，或是透過正式的規畫制度（上司在這種程序中，必須對自己的上司做出承諾）。當然，你應根據上司的風格，來決定該採用哪種做法。

若想跟上司制定可行的相互期望，你還必須向上司傳達你自己的期望，釐清它們是否實際可行，並嘗試影響上司，讓他接受那些對你重要的事項。上司若是成就超群的人，影響上司，讓他重視你的期望，尤其重要。這種上司往往會設定不切實際的高標準，必須加以調整以切合實際。

要素3：
資訊流通

上司對部屬在做些什麼，需要了解到什麼程度，視上司的風格、處境，以及對部屬的信任程度而定，差異可以很大。但不少上司需要的資訊，超過部屬自發提供的分量，而許多部屬也會高估上司掌握的資訊

量。高效能經理人明白，自己很可能低估了上司需要
的資訊量，會設法以符合上司工作風格的方式，持續
提供相關資訊給上司。

上司如果不喜歡部屬呈報問題，維持資訊向上
流通常會極為困難。儘管許多人不承認這一點，但有
些上司的言行，其實常會讓人覺得他們只想聽到好消
息。有人提出問題時，他們會顯得非常不高興；這通
常是以非言語的方式表達出來。他們甚至可能忽視個
人成就，給那些不向他們提出問題的部屬更好的評
價。

但為了組織、上司及部屬的利益，上司必須兼聽
好壞消息。面對只想聽好消息的上司，有些部屬會以
間接的方式傳達訊息，例如透過管理資訊系統。有些
部屬則堅持即時反映潛在問題，不管那是意外驚喜，
還是壞消息。

要素4：
可靠及誠實

部屬為人不可靠、工作不可信，會嚴重損害上司
的辦事能力。幾乎沒有人刻意要成為不可靠的部屬，
但許多經理人因忽略或未能了解上司的優先要務，不

經意地成了不可靠的人。樂觀地承諾快速完成工作，或許能取悅上司於一時，但若承諾未能兌現，難免會令上司不滿。一再未能按時完成任務的部屬，會讓上司很難信賴。某位總裁談論一位部屬時就這麼說：「我寧願他表現更穩定一些，即使少一些突出成績也沒關係；這樣的話，至少我可以信賴他。」

當然，也很少有經理人會故意對上司不誠實。但遮掩真相、淡化問題，是經理人一不小心就會做的事。眼前的隱憂，常在往後演變成意外問題。上司若無法仰賴部屬大致準確地反映情況，就幾乎不可能有效工作。不誠實會破壞信用，因此可能是部屬最令人頭痛的特質。上司若對部屬缺乏基本信任，就不得不檢視部屬的每個決定，如此便很難授權。

要素5：
善用時間及資源

上司的時間、精力及影響力，很可能跟你一樣有限。你對上司的每個請求，都會用掉上司的部分資源，因此，慎用這些資源，才是明智的做法。這似乎是明顯不過的道理，但許多經理人就是會為了一些次要的事，耗盡上司的時間，也因此而破壞了自己的部

分信譽。

　　某位副總裁不遺餘力地遊說上司，設法開除另一部門愛管閒事的秘書。上司動用了可觀的影響力，才辦成這件事。當然，那個部門的主管不太高興。後來，這位副總裁想處理一些更重要的問題時，就陷入了困境。之前他已將籌碼耗費在次要事情上，造成這回他自己和上司難以達成更重要的目標。

　　在忙於種種職責之餘，還得耗費時間、精力來管理跟上司的關係，必會讓某些部屬感到不滿。這類經理人未能體認管理對上關係的重要性，也未能看到跟上司保持良好工作關係，可排除潛在的嚴重問題，讓自己工作得更輕鬆。高效能經理人則明白，這是他們應盡的職責之一。他們認為，有必要對自己在組織中的工作結果，承擔最終責任，因此知道必須跟所有自己仰賴的人，建立並維持良好關係，而那當然包括跟上司的關係。

（許瑞宋譯 自 "Managing Your Boss," *HBR*, January 2005）

閱讀哈佛 001

哈佛教你帶人學
HBR's 10 Must Reads On Managing People

作者／丹尼爾‧高曼(Daniel Goleman)、菲德烈‧赫茲伯格(Frederick Herzberg)、尚-弗杭索瓦‧曼佐尼(Jean-François Manzoni)、尚-路易‧巴梭(Jean-Louis Barsoux)、卡蘿‧華克(Carol A. Walker)、馬庫斯‧白金漢(Marcus Buckingham)、金偉燦(W. Chan Kim)、芮妮‧莫伯尼(Reneé Mauborgne)、克里斯‧阿吉瑞斯(Chris Argyris)、馬札林‧巴納吉(Mahzarin R. Banaji)、馬克斯‧巴澤曼(Max H. Bazerman)、多里‧丘夫(Dolly Chugh)、瓊‧卡然巴哈(Jon R. Katzenbach)、道格拉斯‧史密斯(Douglas K. Smith)、約翰‧賈巴洛(John J. Gabarro)、約翰‧科特(John P. Kotter)

譯者／吳佩玲、胡瑋珊、譚天、譚家瑜、洪慧芳、許瑞宋、林麗冠、羅耀宗
《哈佛商業評論》全球繁體中文版執行副總編輯／鄧嘉玲

責任編輯／張玉文、陳春賢、鄧嘉玲

封面暨版型設計／梁麗芬

出版者／遠見天下文化出版股份有限公司《哈佛商業評論》全球繁體中文版
創辦人／高希均、王力行
遠見‧天下文化‧事業群 董事長／高希均
事業群發行人／CEO／王力行
《哈佛商業評論》全球繁體中文版總編輯／王力行
版權部經理／張紫蘭
法律顧問／理律法律事務所陳長文律師　著作權顧問／魏啓翔律師
地址／台北市 104 松江路 93 巷 1 號 1 樓

讀者服務專線／02-2662-0012 傳真／02-2622-0007 02-2662-0009
電子郵件信箱／hbrtaiwan@cwgv.com.tw
郵政劃撥戶名／遠見天下文化出版股份有限公司
郵政劃撥帳號／1052163-6 號

製版場／沈氏藝術印刷股份有限公司
印刷廠／沈氏藝術印刷股份有限公司
裝訂廠／沈氏藝術印刷股份有限公司
總經銷／大和書報圖書股份有限公司
電話／02-8900-2588
出版日期／2014 年 4 月 25 日第一版第 2 次印行

定價／450 元
Copyright © 2011 Harvard Business School Publishing Corporation
Complex Chinese Edition Copyright © 2014
by Harvard Business Review Complex Chinese Edition,
a member of Commonwealth Publishing Group
Published by arrangement with Harvard Business Review Press
through Bardon-Chinese Media Agency
ALL RIGHTS RESERVED
ISBN：978-986-89277-0-4
書號：HBRCC001

國家圖書館出版品預行編目（CIP）資料

哈佛教你帶人學／丹尼爾‧高曼（Daniel Goleman）等作；
吳佩玲等譯. -- 臺北市：<< 哈佛商業評論 >> 全球繁體中文
版，2014.03

面；　公分. ---　（閱讀哈佛；1）

ISBN 978-986-89277-0-4（平裝）

1.人事管理　2.激勵

494.3　　　　　　　　　　　　　　102002669